これからの農業経営

AGRICULTURAL MANAGEMENT

会計の意識・知識を経営に活かす

那須 清吾［監修］
SEIGO NASU
田邉 正／桂 信太郎［著］
TADASHI TANABE / SHINTARO KATSURA

千倉書房

はじめに

2017（平成29）年現在、わが国の農業就業人口は約181万人となり、ついに200万人を割り込むこととなった[1]。そのうち60歳以上の者は78％を超えており、高齢化がかなり進んでいる。つまり農家を継承する若者が減少し、担い手不足に陥ったのである。1998年に、農林水産省から「農政改革大綱」[2]が公表され、政府は担い手不足の打開策として、農業経営の法人化が推進された。その結果、農業生産法人数は急速に増加することとなった。さらに農林水産省では、農業の産業化に向けて、六次産業化およびブランド化も推進しているのである。

以上のような打開策を講じた背景には、わが国がTPP（Trans-Pacific Strategic Economic Partnership Agreement または Trans-Pacific Partnership：環太平洋戦略的経済連携協定）の交渉参加を表明したことがあげられる。それにより、安価な海外の生産物や加工品が輸入され、わが国の農業が真っ向から立ち向かわなければならない。この問題に対して農業生産法人を大規模化し、効率化した経営を行うことによって、国外に対して強い競争力のある農業への転換を目指しているのである。

農業経営者は、生産者として生産物（農作物）を生産のするプロフェッショナルであるという認識はしているが、経営者として経営のプロフェッショナルであるという認識はどうであろうか。特に会計は、一般的に身近な経営のスキルであるが、農業経営者は会計に対して意識の低い者が多く、「どんぶり勘定」と揶揄されている[3]。筆者は、今後農業生産法人が発展するためには、農業経

(1)　農林水産省大臣統合統計部公表（2017b）「農林水産省統計　平成29年農業構造動態調査」農林水産省、pp.22-24。

(2)　農林水産省公表（1998）『農政改革大綱』農林水産省、pp.12-14。

(3)　楠本雅弘（1998）『複式簿記を使いこなす―農家の資金管理の考え方と実際―』農山漁村文化協会、pp.8-14。

営者は会計に対し、より意識を向けるべきではないかと考えている。

そのような論点から本書では、以下のようなリサーチクエスチョンを設定した。「農業経営者の年齢層によって会計的意識が異なるのではないか」、「農業経営者の会計的意識が高ければ、業績にどのように反映されるのか」、「農業経営者にとって、会計的意識以外に必要な要因とは何か」、「農業経営者はどのようにして農業経営を大規模化および効率化していけばよいのか」の以上４点である。そして、農業経営者にとって会計的意識以外にも必要とされる要因も当然あると推測される。

本書では、農業における問題点、農業経営の現状、アンケート調査における質的分析、ケーススタディ、および今後の展開の可能性と展望という構成で研究を論じる。以下はそのおおまかな内容である。

はじめに第１章では、農業を取り巻く問題点、および農業経営者の会計的意識について説明する。第２章では、研究領域、先行研究について説明する。第３章では、農林水産省が公表している数値を用いて、わが国の農業経営の現状について説明する。そして、第４章では、わが国の農業会計とコンバージェンスについて論じる。農業会計を論じるうえで、IAS（International Accounting Standards：国際会計基準）第41号「農業」は影響を及ぼすと推測される。第５章では、農業経営者を会計的知識と年齢を用いて、六つに類型化して仮説をたて、全国の農業生産法人の農業経営者を対象としたアンケート調査の結果を検証する。第６章では、大規模農業の農業経営者である有限会社トップリバー代表取締役 嶋崎秀樹氏、グリンリーフ株式会社代表取締役 澤浦彰治氏、株式会社伊賀の里モクモク手づくりファーム代表取締役 松尾尚之氏にヒアリング調査を試みた。同様に、小規模農業経営者にも同調査を試みている。最後に、第７章では、第３章から第６章までを考察し、農業生産法人における展開の可能性と展望についてまとめた。その際、上述した四つのリサーチクエスチョンについても検討する。

なお本書のタイトルを「これからの農業経営―会計の意識・知識を経営に活かす」とした所以であるが、従来の農業経営のままではグローバル化の波に追いついていくことが難しいのではないかという問題が生じてくる。これからの農業経営には、大規模化および効率化を前提にしなければ、生き残ることが難しいと予測される。そのためには、農業経営者には会計的意識及び経営的意識を要するのではなかろうか。

以上のような問題提起を踏まえて、本書を読み進めて頂ければと思う。

目　次

第1章　序　　論

1-1. 農業を取り巻く問題点

1-1-1. わが国の農業の背景

(1) 担い手不足問題の解消としての法人化

2017年現在、わが国の農業就業人口は約181万人であり、そのうち基幹的農業従事者は約158万人である[(4)、(5)]。基幹的農業従事者のうち60歳以上の者の割合は78%を超えている[(6)]。このことは、農家を継承する者が少なくなっており、担い手不足の問題が生じていることは明らかである。

戦後、農地改革を始めとして、農業基本法の創設、総合農政、食料・農業・農村基本法の創設等のように、わが国ではさまざまな農業政策を実施してきた。第二次産業および第三次産業への就業者が増加するにあたっては、農業の拡充を目的に、農業経営の大規模化および効率化を目指してきたが、成功したとは言い難い。以上のような農業政策には、政府だけではなく農業協同組合も深く関わっており、農家と農業協同組合との強い紐帯が、農業政策の前途を困難にさせた原因とも考えられる。

旧態依然とした農業に対して、若者は魅力を感じなくなり、本来、農家を継承すべき者も他の職業へ就き、1960年には1,450万人を超えていた農業就業人

---

(4)　農林水産省大臣統合統計部公表（2017b）「農林水産省統計　平成29年農業構造動態調査」農林水産省、pp.22-24。

(5)　農林水産省大臣統合統計部公表（2017b）「農林水産省統計　平成29年農業構造動態調査」農林水産省、pp.22-24。

(6)　農林水産省大臣統合統計部公表（2017b）「農林水産省統計　平成29年農業構造動態調査―農産物の生産を行う法人組織経営体は増加し、農業経営体の1経営体当たりの経営耕地面積も拡大―」農林水産省、p.6。

口も徐々に減少し、2017年には200万人を割り込むことになった[7]。必然的に農業就業者の高齢化の問題も生じてきたのである。

担い手不足の問題に対して政府は、人と農地の問題の解決に向けた施策の推進、新規就農・経営継承総合支援、担い手への農地集積の推進、担い手の育成・確保、農業経営の特性に応じた資金調達の円滑化、農村を支える女性への支援と高齢農業者の活動等の促進、作業を受託する組織の育成・確保を掲げて実施している[8]。特に、交付金および融資については積極的な姿勢が見受けられる。

しかし、このような対策による効果が早急に現れるわけではなく、逆に農業就業人口の減少に歯止めが利かない状況である。そこで、担い手不足問題の解消の打開策として、個人事業主による任意組合を法人化することによって、農業経営の大規模化および効率化を図っている。政府も担い手経営発展事業を実施して、農業経営の法人化を積極的に推進している。2017年現在、農業生産法人は約24,800社であり急速に増加している[9]。いままで個人事業主であったために担い手不足の問題が解決できずにいたが、法人化することによって農業経営の継承という面での問題は解消されつつある。今日、この任意組合が安易に法人化へ移行しているという傾向が強くあり、新たな問題が浮上してきている。はじめにでも述べたが、今後、農業生産法人の中で選出されたリーダーは、生産物を生産するだけのプロフェッショナルではなく、法人を継続させるためには、経営のプロフェッショナルとしての意識も兼ね備えていかなければならない。

---

(7)　農林水産省ホームページ「農林業センサス累年統計―農業編―（昭和35年～平成22年）」
http://www.maff.go.jp/j/tokei/census/afc/past/stats.html（最終検索日：2015年11月2日）

(8)　農林水産省ホームページ「平成25年度 食料・農業・農村施策」http://www.maff.go.jp/j/wpaper/w_maff/h24_h/measure/index.html（最終検索日：2015年11月2日）

(9)　農林水産省大臣統合統計部公表（2017b）「農林水産省統計　平成29年農業構造動態調査―農産物の生産を行う法人組織経営体は増加し、農業経営体の1経営体当たりの経営耕地面積も拡大―」農林水産省、p.3。

(2) 複式簿記の定着の困難性

わが国の確定申告制度には、白色申告および青色申告がある（所得税法143条）。青色申告は、一定の帳簿書類を備えていることが承認の要件であり、具体的には主要簿といわれる仕訳帳および総勘定元帳のことを示す。これらの帳簿にもとづいて、損益計算書および貸借対照表を作成して、確定申告では申告書とともに提出しなければならない。

青色申告には、欠損金の繰越控除等の特典がある(10)。しかし、一定の帳簿書類を備えなければならないことから、企業会計原則による「正規の簿記の原則」に準じる必要性がある(11)。このことは、複式簿記を採用して記帳することを前提にしている。

一般企業では、青色申告の特典を利用するため、約9割の一般企業が青色申告法人である(12)。一般企業では、複式簿記を採用して帳簿に記帳しており、複式簿記が定着している。また、会計による数値を経営に活用している経営者も多い(13)。

一方、農業経営者は、生産物を生産することに対してプロフェッショナルではあるが、帳簿への関心は、一般企業の経営者と比較して、会計に対しての意識が希薄ではないかと思われる。楠本（1998）は、個人事業主である農業経営者に対して青色申告を薦め、複式簿記についての指導にも関わらず、その必要性について理解してもらえないと述べている(14)。

---

(10)　青色申告の特典として、他に青色申告特別控除、少額減価償却資産特例、青色事業専従者給与等がある。

(11)　「正規の簿記の原則」とは、企業会計は、すべての取引につき、正規の簿記の原則に従って、正確な会計帳簿を作成しなければならないというもので、企業会計原則の一般原則の条文二である。

(12)　国税庁ホームページ「日本における税務行政」
http://www.nta.go.jp/kohyo/katsudou/report/2003/japanese/tab/tab08.htm（最終検索日：2015年11月16日）

(13)　京セラの創業者である稲森和夫は、本人の多くの著書のなかで会計の重要性について述べている。

(14)　楠本雅弘（1998）『複式簿記を使いこなす―農家の資金管理の考え方と実際―』農山漁村文化協会、pp.8-14。

また、個人事業主の任意組合を組織化して、農業生産法人を設立する場合、農業生産法人も普通法人の一つとして取り扱われることになる。当然、複式簿記を採用して帳簿に記帳し、損益計算書および貸借対照表等の財務諸表を作成することになる。財務諸表に表れるその数値を、農業経営者が経営に積極的に活用する知識を有しているのかという問題が生じる。農業経営の大規模化および効率化を考慮すれば、六次産業化に向けて発展していくことも少なくない[15]。そこで、六次産業化に発展した場合、生産活動、製造活動、販売活動というように三つの活動に、それぞれの会計が適用されることになり、会計が複雑化するという問題も生じてくるのである。

(3) 農業会計とコンバージェンス

現在、ASBJ（Accounting Standards Board of Japan：企業会計基準委員会）から公表される企業会計基準が、わが国の企業会計基準と考えられる。しかし、わが国には農業会計基準というものは存在しない[16]。阿部（1986）は、農業会計基準または農業会計原則の創設を切望していたが、具現化されることはなかった[17]。そのため農業活動における会計処理は、企業会計に準拠することになる。農業会計においても、生産物の生産は収益と費用を計上して対応させるのであるが、企業会計と異なる会計処理をしなければならず、費用と収益の計上が適正に対応しないのである。そのため、京都大学農学部農業簿記研究施設において個人事業主に普及させようとしていた簡易農家経済簿および自計式農家経済簿が、京都大学式農業簿記として、また広く農業簿記として捉えられている[18]。かつては京都大学農業簿記研究施設が中心となって農業会計の研

---

(15)　六次産業とは、一次産業としての農林漁業、二次産業としての製造業、三次産業としての小売業等の事業との総合的かつ一体的な推進を図って地域資源を活用した新たな付加価値を生み出すものと位置付けている。

(16)　2014年5月19日に、一般社団法人全国農業経営コンサルタント協会および公益社団法人日本農業法人協会から「農業の会計に関する指針」が公表されている。この指針は、望ましい会計処理および注記等を示したものではあるが会計基準ではない。

(17)　阿部亮耳（1986）「会計公準、会計原則と農業会計」『農業計算学研究』第18号、pp.1-12。

(18)　阿部亮耳（1990）「農業簿記研究施設32年間の回顧と展望」『農業計算学研究』第22

究を進めていたが、当時の企業会計の研究者が、農業会計の研究を行うということは皆無に近かったのである。しかし、1995年には、京都大学農業簿記研究施設は、改組によって研究科生物資源経済学専攻に組み込まれることになり、京都大学による農業会計の研究は衰退していくことになる。

今日、会計基準のグローバル化によって、国際財務報告基準（IFRS: International Financial Reporting Standards）へのコンバージェンスの波が、わが国へも押し寄せている。今後、わが国の企業会計基準は、IFRSに収斂されることになるだろう。2007年8月に、わが国の企業会計審議会と国際会計基準審議会（IASB: International Accounting Standards Board）との間で、東京で合同会議が開催された。この会議の内容は、2008年までにIFRSとわが国の会計基準との主要な会計処理の差異をなくし、2011年までには、その他の会計処理の差異も調整するというものであった。いわゆる東京合意である。そして、2009年6月30日に、金融庁企業会計審議会企画調整部会から、「我が国における国際会計基準の取扱いについて（中間報告）」が公表された。この報告は、わが国のIFRSへの収斂に向けた日本版ロードマップであり、2012年にIFRSの強制適用の是非を判断して、最短で2014年に強制適用を予定するとした。しかし、わが国では、東日本大震災において製造業のサプライ・チェーンが被害を受けているという理由から、2014年の強制適用は見送られた。

2001年に、IASBから国際会計基準（IAS: International Accounting Standards）第41号「農業」が公表された[19]。IAS第41号は、農業活動による会計処理を規定しているが、大規模な農業のみに限らず、小規模な農業も財務諸表の作成のために準拠しなければならないとしている。筆者はコンバージェンスによって、IAS第41号は、わが国の農業活動における会計処理に対して影響を及ぼすと考えている。

一般企業の企業会計に限っては、研究も進んでおりコンバージェンスは可能であろう。しかし、わが国の農業会計は、企業会計のように整備されていると

号、p.165。

(19)　IASはIFRSの前身である。

は言い難くコンバージェンスを考慮すれば、農業活動による会計処理を農業会計基準として創設するよりも、企業会計基準に組み込むことになるであろう。以上のように、現状では、わが国の農業会計はほとんど整備されていない。

(4) TPPによる農業への影響

TPPとは、環太平洋戦略的経済連携協定（TPP: Trans-Pacific Strategic Economic Partnership AgreementまたはTrans-Pacific Partnership）の略称である。TPPは自由貿易協定（FTA: Free Trade Agreement）の一種であり、環太平洋地域諸国による経済の自由化を目的とした多角的な協定である。原則としては、関税および規制を撤廃し、物品・サービス・貿易および投資も自由化していこうというのが狙いである[20]。

2006年に、シンガポール、ブルネイ、チリ、ニュージーランドの4カ国でFTAが締結された。その後、2010年に、この4カ国に加えて、米国、オーストラリア、ペルー、ベトナムの8カ国で広域的な経済的連携協定であるTPPの交渉が開始された。さらに、同年10月にマレーシアが加わり9カ国となった。

そして、2010年に、APEC最高経営責任者サミットにおいて、菅直人首相（当時）から、TPPの交渉参加に向けて関係国との協議を開始すると所信表明演説があった。それは、環太平洋地域諸国で高いレベルでの経済連携し、「平成の開国」というスローガンを掲げたものであった[21]。その後、2011年に、APEC首脳会合において、当時の野田佳彦首相は、守るものは守り抜き、勝ち取るものは勝ち取り、国益を最大限に実現するために全力を尽くすという姿勢で、TPPの交渉参加に向けて関係国との協議に入ることを正式表明した[22]。

---

(20)　浜田宏一（2013）『アベノミクスとTPPが創る日本』講談社、p.107。

(21)　REUTERSロイターホームページ「TPP『協議開始』を表明、『平成の開国』めざす＝菅首相」http://jp.reuters.com/article/businessNews/idJPJAPAN-18158620101113（最終検索日：2014年2月12日）

(22)　REUTERSロイターホームページ「野田首相がTPP交渉参加を正式表明」http://jp.reuters.com/article/topNews/idJPJAPAN-24132720111111（最終検索日：2014年2月12日）

この首脳会合でカナダおよびメキシコも交渉参加を表明した。ちなみに、2010年に、オバマ大統領は、今後5年間で輸出を倍増することを宣言している。

2012年12月26日に、民主党から自民党と公明党による連立政権へと政権が移り、第二次安倍内閣が発足した。同年11月の総選挙では、自民党は『「聖域なき関税撤廃」を前提にする限り、TPP交渉参加に断固反対』を政権公約として総選挙に挑んだ。そして、政権発足後、経済財政政策として、大胆な金融政策、機動的な財政政策、民間投資を喚起する成長戦略という三本の矢の一体としてのアベノミクスを推進した。その後、2013年に、安倍晋三首相は、「聖域なき関税撤廃」が前提でないことが明確になったため、守るべきは守り、攻めるべきは攻め、国益を追求するという政府の方針に何ら変更はないとして、TPPの交渉参加を表明した(23)。この表明によって、わが国はTPPのテーブルに正式に座ったことを示している。

その後、幾度となく貿易閣僚会議、主席交渉官会議、閣僚会議等が開催された。2014年2月22日のTPP閣僚会合では、当時の甘利明経済再生担当大臣が参加した。知的財産等の妥協点への方向を示す大筋合意を目指したが、日米間の関税撤廃の協議は折り合いがつかなかった。そして、2015年9月30日に開催されたTPP閣僚会合では、わが国が豚肉および牛肉の関税を引き下げ、さらに、バター、米、小麦の輸入拡大をすることで、大筋合意に達することとなった(24)。

(5) 農業経営の大規模化と地域産業振興

担い手不足問題の打開策として、法人化が推進されているが、この延長には農業経営の大規模化および効率化を図らなければ、わが国の農業は生き残るこ

(23) REUTERSロイターホームページ「国益追求する方針に変わりない＝TPP交渉で安倍首相」
http://jp.reuters.com/article/topNews/idJPTYE99905R20131010（最終検索日：2014年2月12日）

(24) REUTERSロイターホームページ「TPP大筋合意、巨大自由貿易圏誕生へ前進 為替政策でも協力」
http://jp.reuters.com/article/tpp-agreement-idJPKCN0RZ15T20151005?pageNumber=1（最終検索日：2016年6月13日）

とができないということである。そして、農業経営の大規模化および効率化を実現すれば、農業という視点から、地域の産業振興を推進することができ、そこに雇用が創生されると予測する。

農林水産省では、食料産業クラスターを施策している。クラスターとは、ある特定の分野における相互に結びついた企業群と関連する諸機関からなる地理的に近接したグループであり、これらの企業群と諸機関は、共通性と補完性で結ばれている(25)。そこで、食品製造業、農林水産業、大学・試験研究機関、流通業、外食産業、観光産業、行政等の異業種が集積して、地域の資源、人材、技術の活用方法等について議論する食料産業クラスター協議会を設立した。これをきっかけとして、食料産業クラスターによる食品産業、農林水産業等との連携の促進、国産農林水産物を活用した新商品開発、販路拡大等に着手しようとしている。

また、農林水産省では、農業の産業化に向けて、六次産業化およびブランド化も推進している(26)。これは国内だけの取り組みではなく、ジャパン・ブランドとして、クールジャパン機構および産業革新機構等と提携し、さらに、和食の国際展開のためのプラットホームとして輸出に重点を置いた政策である。

以上のように、農業経営の大規模化および効率化も国策として提案されている。しかしながら、国内の六次産業化およびブランド化については、安易に取り組んだ農業経営者が多いため、成功に至った生産物または製品はほんの一握りである。農業生産法人への投資を目的として、アグリビジネスファンドを整理および統合することも考えているようだが、さらに状況を悪化させるのではないかと懸念されている。

そして、わが国にはかつて、農業協同組合を主導としたクラスターが存在していた。戦後、そのクラスターが機能していた時期があったが、現在ではほとんど機能していない。そのため農林水産省は、新たな食料産業クラスターを施

(25)　マイケル・E・ポーター著、竹内弘高訳（1999）『競争戦略論Ⅱ』ダイヤモンド社、p.70。
(26)　新浪剛史（2014）「『農業の産業化』に向けて《今後の重点農政改革に係る提案》（概要説明資料）」産業競争力会議農業分科会、p.2。

策している。このクラスターの形成が、地域に存在する生産物、人材、技術、新事業および新製品の創出を効率的に結びつけることになると考えられている。これが実現化すれば、地域産業の振興に繋がると考えられるが、なかなかクラスターの形成が前進していないのが現状である。

1-1-2. 問題意識

前述のように担い手不足問題の打開策としては、農業経営を個人事業主から農業生産法人による法人化に推し進め、複式簿記による帳簿作成を基本とすることである。また農業経営者は、生産物を生産するだけのプロフェッショナルではなく、法人を継続させるためには、経営のプロフェッショナルとしての認識も兼ね備えなければならない。そのためには、当然、会計の知識を有することが必要である。

しかし、現状では農業生産法人が、単に従来の任意組合を法人化しただけのものも少なくない。このような農業生産法人の経営者は、生産物を生産することのみに重点を置き、現状維持で積極的に業績を伸ばそうとは考えておらず、会計の知識は希薄と思われる[27]。一方、一般企業においては、一般的に経営および会計の知識は重要とされている。たとえば経営者であり、京セラ株式会社の創設者である稲盛和夫（2000）は、「経営者は業績を追求することだけでなく、事業を安定させるためには、会計を知らなければならない」と述べている。ちなみに稲盛は、会計的知識の重要性を説く第一人者である[28]。

そして、わが国における農業会計の研究も、京都大学農業簿記研究施設が中心となり、企業会計の研究と一線を棲み分けていた。企業会計の研究者と比較すると、農業会計の研究者はわずかであり、企業会計による手法をいかに農業会計に適用させるかということが中心であった。また、前述のように、農業会計の研究側からは、農業会計基準および農業会計原則の創設が切望されていたが、実現には至らなかった。そして、1995年に、京都大学農業簿記研究施設

---

(27)　ここで業績とは、売上高および当期純利益を示す。
(28)　稲盛和夫（2000）『稲盛和夫の実学―経営と会計―』日経ビジネス人文庫を参照。

は、改組によって研究科生物資源経済学専攻に組み込まれた。以上のように、農業会計の研究は、一般に普及されることなく、一部で研究業績を上げるのみとなってしまったのである。

しかし、コンバージェンスの波によって、近々にも、わが国の会計基準もIFRSに強制適用することになるであろう。IAS 第41号「農業」では、農業活動による会計処理を規定している。よって、わが国の農業経営も企業会計なみに農業会計が深く関係してくることが予測される。

筆者は、農業経営者は生産物の生産のプロフェッショナルであるが、経営に対する意識が希薄な者が多く、特に会計に対する意識を重要視する農業経営者は少なく、これは農業経営者の高齢化という問題とも関連していると考えている。

したがって、個人事業主から農業生産法人による法人化が進められれば、農業経営の大規模化および効率化が目標となる。その際、クラスターの形成も視野に入れることになるが、これが実現化すれば、地域に存在する生産物、人材、技術、新事業および新製品の創出を効率的に結びつけられ、農業を中心としての地域振興を推進することが可能となり、そこに雇用が創生される。農林水産省は食料産業クラスターの施策に着手しているが、将来的に実現化することは可能なのであろうか。

1-1-3. 本書の目的

本書の目的としては、農業生産法人が発展し、農業経営者が業績を伸ばすためには、会計がどのように関連しなければならないかを実証することである。また、農業経営および農業会計の現状について学術的に明らかにし、実態調査を実施することによって、会計とその他の要因との関連性について定量分析を実施し、その結果を検証するため定性分析も行い、俯瞰的に明確にすることである。

前述のように、本研究のきっかけは、楠本（1998）が、農家を営む個人事業主に複式簿記を定着させようと講習会等で指導をして努めたが、その姿勢があまりに消極的であり、定着させることが困難であるということから始まっている。筆者は20年以上、企業会計の研究を個人的に進めており、その中で実務に最も近いといわれる税務会計という分野を専門としている。当然ながら一般企業では、会計の重要性は理解されており、さまざまな分野の研究が進められ、IFRSとのコンバージェンスによって、国際的な研究も進められている。一方、地方では個人の研究を地域活性化に活かす必要性もあり、当時、企業会計の研究と関連性があると考え、農業簿記についての研究を試みたのである(29)、(30)、(31)。

研究を進めて行くにおいて、農業会計と企業会計の研究者は棲み分けがなされており、京都大学農業簿記研究施設に携わった研究者が中心になって研究が進められていることが分かり、企業会計に準じた研究が多く、いかにして農業会計を企業会計に近づけるかというものである。その一方では、楠本（1998）が述べるように、農業経営者に複式簿記すら定着させることは困難であるという現実もある。そして、農業経営者の会計的な感覚は、「どんぶり勘定」と揶揄されているのが現状である。

本書では、農業経営および農業会計の現状を踏まえ、全国の農業生産法人の経営者を対象にアンケート調査を実施した。その結果、農業経営者の会計的意識の実態が明らかになった（第5章）。農業生産法人も法人の一つであり、担い手不足の打開策だけではなく、事業を承継させるためにも、農業経営の大規模化および効率化も経営者は考えなければならない。そのためには、生産物を生産するということも兼ねて、業績を伸ばすということも意識する必要性が生じてくる。したがって、経営という側面から、農業経営者は、数字を読めなければならない。そこで、農業経営者の会計的意識の実態が明確になれば、会計

---

(29)　田邉正（2009）「農業会計における複式簿記の基礎（1）―農業会計の財産計算と損益計算について―」『地域研究』第9号、pp.157-165。

(30)　田邉正（2010）「農業会計における複式簿記の基礎（2）―農業経営における企業形態と農業会計の簿記一巡について―」『長岡大学研究論叢』第8号、pp.59-69。

(31)　田邉正（2011）「農業会計における複式簿記の基礎（3）―開業貸借対照表及び流動資産の記帳について―」『地域研究』第10号、pp.127-137。

的意識および知識が、どのように業績と関連しているかが分析できる。さらに、年齢層による関連性も分析できると考えられる。そこで、その分析を検証し実証するために、高業績を上げている3社の農業生産法人を対象にヒアリング調査をして検討してみた（第6章）。また、このヒアリング調査から会計的意識および知識以外の要因も考察した。

このような、農業経営者の会計的意識について実態調査および分析した研究および書籍は少ない。会計的意識および会計的知識、年齢層等と業績の関連性を明確にすることは、農業経営者の視野を会計に向けさせることができる可能性がある。将来的に農業生産法人が発展するにあたって、本書が農業経営者の会計的意識に何らかの影響を与える礎となり、農業生産法人が一般企業なみに発展する糸口になれればと願うばかりである。

1-2. 農業経営者の会計的意識

1-2-1. 会計的意識と業績との因果関係

(1) 研究対象

本書では、農業経営者の会計的意識と、業績との因果関係を明確にすることを研究対象としている。農業経営者の会計的意識等が、農業経営の大規模化および効率化を図る過程でいかに影響しているのか、さらに、会計的意識以外でどのような要因が影響を及ぼしているのか、そして、農業生産法人の発展においてどのように対処すべきかを考察する。

前述のように、個人事業主による任意組合の法人化が活発化しており、農業生産法人の法人数が増加している。農業経営者は、法人を持続化させるためには、生産物の生産だけの知識ではなく、存続していくための意識も有しなければならない。そこで、本研究では、農業経営者の会計的意識を中心に焦点を当てた。

(2) 研究課題

本研究の問題点は、農家を営む個人事業主の複式簿記に対する姿勢の消極性にあり、定着化に対しての困難性にある。すなわち、農業経営者は、生産物の生産のプロフェッショナルではあるが、経営についての関心は希薄であり、その基礎となる会計的知識を有する者が少ない。これには農業協同組合の存在も関係しており、税理士法第50条の「臨税」と親密な関係がある。「臨税」とは、租税の申告時期に、税理士または税理士法人以外の者が、無報酬で申告書等の作成およびこれに関連する課税標準等の計算に関する事項について相談に応ずることを許可することである。この役割を農業協同組合が代行していたのである。

筆者は以上のことから、農業経営者は会計的意識について希薄ではないかと考えている。一方、一般企業の経営者は、経営および会計の知識の必要性は感じている経営者が多く、会計的意識も高く、業績にもそれが反映されている。すなわち農業生産法人が発展するためには、一般企業の経営者と同様に、農業経営者も会計的意識を有しなければ、大規模化および効率化を前提とした農業経営を乗り越えていくことは難しい。そこで、以下のようにリサーチクエスチョンを設定してみた。

a. 農業経営者の年齢層によって会計的意識が異なるのではないか。
b. 農業経営者の会計的意識が高ければ、業績にいかに反映されるか。
c. 農業経営者にとって、会計的意識以外に必要な要因とは何か。
d. 農業経営者はいかに農業経営を大規模化および効率化していけばよいのか。

第一に、農業経営者の年齢層によって会計的知識および会計的意識は異なると考えられる。農業協同組合との関係が長いことから、高齢層の経営者は、会計的知識の必要性は感じていないと考えられる。一方、農業への若手の参入から、若年層の経営者は、高等教育機関で経営および会計に関して学習した経験がある者も多く、会計的意識が高いと予測される。

第二に、一般企業の経営者は、経営および会計の知識の必要性は感じており、その知識を経営に反映させようと努めている。したがって、経営者の会計的意識が高ければ、業績にも反映され、企業の安定をもたらすと予測される。このことは、農業経営者にも同様なことがいえるのではないだろうか。そこで、農業経営者の会計的意識が業績に対していかに反映されているかを明確にする。

第三に、農業経営者として農業生産法人を経営する際、経営および会計の知識を有するに越したことはない。当然、本研究の主となる会計的意識も同様といえる。しかし、担い手不足の打開策として、集落営農の法人化が活発化して農業生産法人が増加していることから、一般企業の経営者とは異なる要因が農業経営者には必要なのかもしれない。そこで、農業経営者にとって、会計的意識以外に必要な要因を検討する。

最後に、農業生産法人の発展は、地域産業振興と結びつくと考えられる。そこで、農業経営の大規模化および効率化をいかにすべきかという問題が生じてくる。

(3) 仮説

ここでは、農業経営者を類型化して、それぞれの経営者が、どのような意識を有しているかについて仮説を設定したい。そこで、農業経営を左右すると考えられ得る要因を以下に示す。

a. 大規模か否か
b. ビジネスとしての法人化か否か
c. 経営者の年齢
d. 農業従事期間または熟練度
e. 経営者の経営的知識の有無
f. 経営者の会計的知識の有無
g. 会計担当者の有無
h. 財務マネジメントの関心への有無

上記の農業経営を左右すると思われる要因にもとづいて、農業生産法人の方向性を推測できる。したがって、これらの要因の中から、いくつかの要因を利用して経営者の類型化が可能となると考えられる。

a. の「大規模か否か」については、単に組合が集まって規模が大きくなり、資本金の金額も大きくなっているという法人が多く存在することから除外した。b. の「ビジネスとしての法人化か否か」については、経営者本人の考え方であり、年齢層によって違いが出るのではないかと予測してあえて除外した。d. の「農業従事期間または熟練度」については、類型化の要因として考えられるが、何年をもってベテランとするか、また、「農業従事期間」は生産者としてのベテランということで経営者としてではない。そこで、c. の「経営者の年齢」を採用して除外することにした。e. の「経営者の経営的知識」については、f. の「経営者の会計的知識」を有していれば、必然的に経営的知識にも関心があると考え除外した。g. の「会計担当者の有無」については、規模が大きくなれば、経営者が経理を担当することは困難になる。また、税理士等の職業会計人に依頼するという経営者も多いと考えられる。そこで、これに関してはアンケート調査の項目の中で現状を検討した（第5章）。h. の「財務マネジメントの関心への有無」については、f. の「経営者が会計的知識」を有していれば、必然的に財務マネジメントにも関心があると考え除外した。

上記の理由から、まず、f. の「経営者の会計的知識の有無」によって経営者を類型化してみた(32)。次に、担い手不足という問題もあり、これから農業経営に参入する若者の意識は、農業を一つのビジネスとして捉えていると考えられるため、c. の「経営者の年齢」を類型化の要因として採用してみた。図表1-1は、農業経営者の六つの類型化を示したものである。

図表1-1に示すように、類型化する際、年齢を45歳および65歳を基準にして区分している。農林水産省の青年就農給付金の給付者条件が45歳未満となっており、農林水産省は45歳未満を若年層の基準としている。また、担い手不足について論じる場合、行政の統計では65歳以上という表現をしているため、高齢層の基準を65歳以上とした。

これらの経営者の類型化から、「経営的知識」、「財務への関心」、「財務状況」、「財務状況の予測」、「規模の拡大」への積極性、「六次産業化」について明確な

---

(32)　ここで会計的知識とは、学術的なもののみではなく、実務または簿記検定の知識も含めて広義なものを示す。

図表 1-1　農業経営者の類型化

	年齢層	会計的知識の有無	類型化の内容
Ⅰ型	45歳未満	有り	若年層・会計的知識有り
Ⅱ型	45歳未満	無し	若年層・会計的知識無し
Ⅲ型	45歳以上65歳未満	有り	中堅層・会計的知識有り
Ⅳ型	45歳以上65歳未満	無し	中堅層・会計的知識無し
Ⅴ型	65歳以上	有り	高齢層・会計的知識有り
Ⅵ型	65歳以上	無し	高齢層・会計的知識無し

出所：著者作成。

図表 1-2　農業経営者の類型化による予測

	経営的知識	財務への関心	財務状況	財務状況の予測	規模の拡大	六次産業化
Ⅰ型	高い	高い	不安定	上昇	積極的	積極的
Ⅱ型	低い	低い	不安定	横這い	消極的	積極的
Ⅲ型	高い	高い	安定	上昇	積極的	積極的
Ⅳ型	低い	低い	現状維持	横這い	消極的	消極的
Ⅴ型	高い	低い	現状維持	横這い	消極的	積極的
Ⅵ型	低い	低い	現状維持	下降	消極的	消極的

出所：著者作成。

相違の意向があると予測される。そこで、以上の経営者の類型化について、図表1-2のような予測を試みた。

特に、Ⅰ型およびⅢ型については、会計的知識を有していれば、必然的に「経営的知識」も有しており、経営に対して積極的だと予測される。すなわち、農業をビジネスとして捉える経営者が多い。Ⅱ型は農業を生業としており、生産物の生産のプロフェッショナルを目指していると考えられる。Ⅳ型は経営者としては最も多いと予測されるが、法人の現状維持または安定を優先に考えるため、経営の積極性は弱いと考えられる。Ⅴ型およびⅥ型は、長年の経験から熟練した経営者と考えられるため、経営的に成熟していると予測される。ただし、経営（規模の拡大、六次産業化）に関しては消極的ではなかろうか。これらを踏襲して、アンケート調査による状況調査の分析を試みた。

1-2-2. 農業経営における現状と展望

研究方法としては、定量分析および定性分析を採用する。まず、農業生産法人の経営者を対象にアンケート調査を実施して、農業経営者の会計的意識についての実態を調査し分析する。そして、前述した仮説の妥当性について検証する。次に、農業経営者に直接ヒアリング調査を試みて事例研究を実施する。一方、小規模農業経営者にも同調査を試みている。その際、仮説の妥当性を検証した結果にもとづいて、農業経営者に必要な会計的意識以外の要因についても検討する。本書の構成内容を以下に示す。

(1) わが国の農業経営の現状（第3章）

現在、わが国の農業経営では、担い手不足という大きな問題が生じている。この担い手不足の打開策として、集落営農の法人化が進められ、その結果、農業生産法人も増加している。しかし、農業生産法人は、TPPへの交渉参加も含意して、農業経営の大規模化および効率化を図らなければ生き残れない。そこで、農林水産省等のデータにもとづいて、わが国の農業経営の現状を述べる。

(2) わが国の農業会計とコンバージェンス（第4章）

わが国の会計基準では農業会計基準というものは存在しない。そして、わが国の企業会計では、企業会計基準に準拠して会計帳簿を作成しなければならない。しかし、国際的な会計基準としてIFRSがあり、これに各国の会計基準はコンバージェンスされる。そして、IAS第41号「農業」が規定されており、農業の会計基準が存在するのである。これは大企業だけではなく、中小企業にも適用される。将来的に、わが国にもIAS第41号「農業」を適用することになると予測される。そこで、コンバージェンスおよびIAS第41号「農業」について説明し、わが国の会計基準に適用するにあたっての問題点について述べる。

(3) 農業経営者の実態と会計的意識の分析（第5章）

ここでは、定量分析を試みる。全国の農業生産法人の農業経営者を対象に、アンケート調査による実態調査を実施する。調査内容は、農業経営者の特徴、会計に対する考え方、会計的意識と経営の関係、会計的意識と経営の方向性についてである。この調査結果から、農業経営者の会計的意識が業績にいかに影響しているか、および仮説の妥当性について分析する。

(4) 大規模農業経営者の事例研究（第6章）

アンケート調査による実態調査の調査結果から、農業経営者の会計的意識と業績の関係が明確になると思われる。そこで、利益を追求する農業経営者から具体的な意見を聞きたい。会計的意識が働けば、将来の業績に何らかの影響を及ぼす可能性があるのか。そして、会計的意識以外に必要な農業経営者としての要因について分析する。

(5) 小規模農業経営者の意見（第6章）

農業経営の大規模化および効率化を前提として、大規模農業経営者からヒアリング調査を実施するが、一方で小規模農業経営者が会計的意識ならびに農業経営の大規模化および効率化に対していかなる意見を有しているのかも知りたい。そこで、小規模農業経営者にもヒアリング調査を試みる。

(6) 農業生産法人における展開の可能性と展望（第7章）

上記の（1）から（5）の分析の結果から、前述した四つのリサーチクエスチョンについて検討する。そして、農業生産法人が発展するには、現在の農業を取り巻く環境において会計がどのように関係してくるのか。そして、農業経営者にとって会計的意識以外の必要な要因を検討し、将来的に農業生産法人が発展していくにあたって、いかにすれば良いのかを本研究のまとめとして述べる。

このような農業経営者の会計的意識に対し、何らかの影響を与える礎になる糸口が見つかればと考えている。

第２章　研究領域および先行研究

2-1. 研究領域

本書における研究領域は、専門領域の中から、経済・金融論を主専門領域として、起業論および戦略経営論を副専門領域とする[33]。図表 2-1 は、それぞれの研究領域の関係を示したものである。

図表 2-1　研究領域

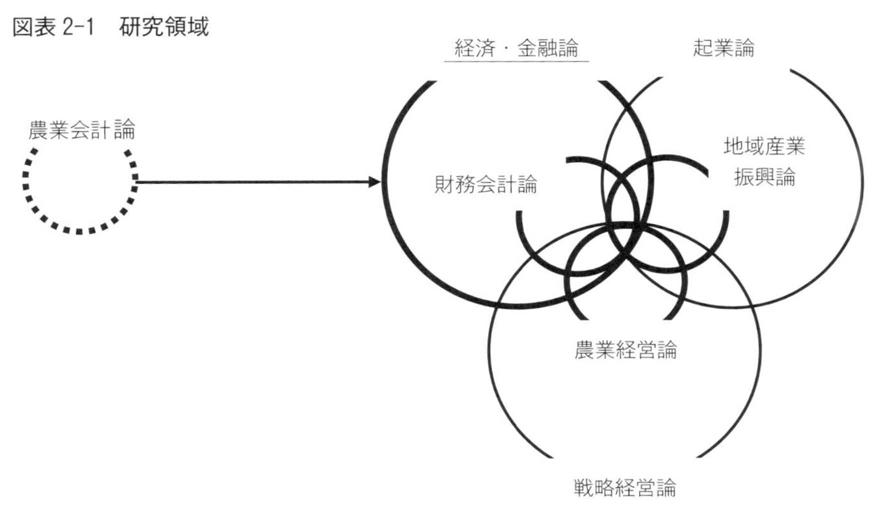

出所：著者作成。

(33)　高知工科大学大学院工学研究科基盤工学専攻起業家コースでは、組織論、起業論、技術経営論、経済・金融論、戦略経営論、マーケティング論、事業管理論、研究方法論を専門領域としている。

2-1-1. 経済・金融論（財務会計論）

本研究の基礎は、「農業生産法人の経営者は、生産物を生産することに重点を置き、現状維持で積極的に業績を伸ばそうとは考えていないのではないだろうか。そのうえ会計の知識も希薄と考えられる」という点にある。

農業生産法人の農業経営者を対象に会計的意識についてアンケート調査を試みることから、財務会計論とは切り離すことができない。わが国には農業会計基準というものが存在しないため、企業会計基準に準じた会計処理を行うことになる。しかし、京都大学農業簿記研究施設が改組されるまでは、京都大学式農業簿記が中心となって農業会計論の研究を進めていた。すなわち農業経済および農業経営の一部として研究された農業会計論も重要となる。

今後、わが国の企業会計基準は、IFRS に強制適用されることから、IAS 第 41 号「農業」が、将来的に適用される。筆者は、財務会計を含む経済・金融論を主専門領域としたいと考えている。

2-1-2. 戦略経営論（農業経営論）

本研究は、普通法人ではなく農業生産法人を対象とした研究である。個人事業主または組合から法人化し、一企業となるにあたり、いかにして会社組織として業績を伸ばせるかを論じる。

農業生産法人となった農業経営者は、単に生産物の生産技術だけではなく、生産物に対し付加価値を付けて加工をし、さらに販売までも手掛ける。いわゆる六次産業化を視野に捉え、一般企業と同様に、経営のセンスおよびリーダーシップが必要となり、経営戦略を計画的に進めていかなければならない。

以上のことから筆者は、戦略経営論を副専門領域とすべきと考えた。ただし、一般企業と異なり、生産物の生産活動も含まれているため、農業経営の側面からの戦略経営論となる。

2-1-3. 起業論（地域産業振興論）

本研究は、農業生産法人の発展にも着目している。農業生産法人にもさまざまな形態があり、個人事業主から法人化したという農業生産法人も少なくない。一方、農業生産法人において10億円以上の売上高を計上する法人は、大規模な農業生産法人の中でもまれである。

そして、農業生産法人の発展としては、前項で述べたように生産活動、製造活動、販売活動というように三つの活動を有した六次産業化が考えられる。この六次産業化の成功することにより、その地域に雇用が創生される。さらに発展すれば、地域の食品関連産業と集積した食品産業クラスターが形成される。以上の流れから農業を中核産業としたアグリシティが創設される可能性もある。このことから、地域産業振興論を含んだ起業論を副専門領域とする。

2-2. 先行研究調査

前節で選択した三つの研究領域にもとづき、これらの先行研究調査として、本節、第1項にて財務会計論および農業会計論を含んだ経済・金融論に関する諸研究と見解、第2項にて農業経営論を含んだ戦略経営論に関する諸研究と見解、第3項にて地域産業振興論を含んだ起業論に関する諸研究と見解についてレビューを実施し、それを簡潔にまとめてみた。

2-2-1. 経済・金融論（財務会計）に関する諸研究と見解

(1) わが国の企業会計とトライアングル体制

戦後、連合国総司令部（GHQ: General Headquarters）が主導で、わが国の会計も大きな変化を遂げる。第一に、1949年に、経済安定本部企業会計制度対策調査会から、一般に公正妥当と認められたところを要約した基準として企業会計原則が公表された。これは、外貨の導入、企業の合理化、課税の公正化、証券投資の民主化、産業金融の適正化等を目的として創設されている。しかし、企業会計原則は、必ずしも法令等によって遵守および強制されるものではない。

第二に、1950年に、商法が英米法的な制度を導入し改正される。旧商法のうち第2編会社、有限会社法、株式会社の監査等に関する商法の特例に関する法律等が旧会社法として捉えられていた。旧商法では計算書類の作成は計算書類規則に委ね、商法32条2項において、「商業帳簿ノ作成ニ関スル規定ノ解釈ニ付テハ公正ナル会計慣行ヲ斟酌スベシ」と規定されている。

第三に、1948年に、「国民経済の適切な運営及び投資者の保護に資するため、有価証券の発行及び売買その他の取引を公正ならしめ、かつ、有価証券の流通を円滑ならしめることを目的とする」ことから有価証券取引法が創設された。すなわち、投資家を保護するための法律であるため、有価証券取引法では財務諸表の公表が重要となる。そのため、1963年に、「財務諸表等の用語、様式及び作成方法に関する規則」が創設される。すなわち、財務諸表等規則である。有価証券取引法では、財務諸表等の作成は財務諸表等規則に委ね、証券取引法193条において「この法律の規定により提出される貸借対照表、損益計算書その他の財務計算に関する書類は、SECが一般に公正妥当であると認められるところに従って証券取引委員会規則で定める用語、様式及び作成方法により、これを作成しなければならない」と規定されている。

第四に、戦後、わが国の税制は、GHQによって大幅に改正されていくことになる[34]。コロンビア大学のカール・シャウプ教授（Carl Sumner Shoup）を団長とした租税理論の専門家によるシャウプ使節団によって膨大な量のレポートが発表された。いわゆる、「シャウプ勧告」である。この基本方針は、「公平な租税制度の確立、租税行政の改善、地方財政の強化」であった。確定申告の導入も民主主義を定着させる礎となっている。確定決算主義では、株主総会で確定した利益にもとづいて申告書を作成するが、法人税法22条4項において「第2項に規定する当該事業年度の収益の額及び前項各号に掲げる額は、一般に公正妥当と認められる会計処理の基準に従って計算されるものとする」と規定されている。

以上の中で、公正妥当な会計処理はいかなる基準に準拠すればよいのかとい

---

(34)　金子宏（2012）『租税法 第17版』弘文堂、p.56。

う問題が生じる。一般的には企業会計原則を示すと解釈されており、商法、証券取引法、税法の中心に企業会計原則が存在するとされ、これらの関係が三角形を成しているため、トライアングル体制とよばれている。

(2) わが国の農業会計

既述したように、戦後、わが国の会計制度は整備されていく。一方、農業会計については整備が全くなされていなかった。京都大学農学部農林経済学科では、農業計算学という分野があり、京都大学農学部が中心となって農業簿記および農業会計の研究は進められた。

1927年に、京都大学農学部農林経済学科農林経済調査室が設置され、そこで、農業計算上の調査および研究がなされてきた。その後、1958年に、農業簿記研究施設が設置され、京都大学式農業簿記もここで考案された。しかし、1995年に、京都大学農業簿記研究施設は、改組によって研究科生物資源経済学専攻に組み込まれることとなった。この改組によって、京都大学による農業会計の研究は衰退していく。

1967年から京都大学農学部農業簿記研究施設では、『農業計算学研究』という論集を発表している。当初、『農業計算学研究』の中では、農業簿記の確立から、いかにして会計の仕組みを農業に適用すべきかということを論じている。特に管理会計の分野では、生産物を管理することは第二次産業では当然のことだが、第一次産業ではなされていない。

例えば、菊地（1969）は、企業で利用されている財務分析を農業に適用することを提案している[35]。阿部（1977）は、標準原価計算を農業にいかにして組み込むかを論説している[36]。さらに、阿部（1978）は、直接原価計算を農業に適用することについても論述している[37]。ちなみに、標準原価を前提とした

(35)　菊地泰次（1969）「経営分析における成果指標とその役割」『農業計算学研究』第3号、pp.9-19。
(36)　阿部亮耳（1977）「農業経営における標準原価計算」『農業計算学研究』第10号、pp.23-35。
(37)　阿部亮耳（1978）「農業経営における直接原価計算」『農業計算学研究』第11号、pp.20-28。

差異分析である標準原価計算は、F.W. テイラー（Frederick Winslow Taylor）の科学的管理法に根差すといわれている。当時としては、単に学術的だけではなく、さらに農業に適用することを目指した画期的な研究だったといえる。

現在、企業では、経営分析および標準原価計算、直接原価計算を当然適用し、原価管理という側面では、標準原価計算の発展として原価企画（target costing）、そして、直接原価計算の発展として活動基準原価計算（ABC: Activity Based Costing）および活動基準管理（ABM: Activity Based Management）があり、さらに、ABC にバランスド・スコアカード（Balanced Scorecard）を活用することも考えられている。

そして、財務会計の分野では、企業会計原則の内容について農業会計と関係を学術的に論述した論文は多く存在する。また、阿部（1986）は、農業会計基準または農業会計原則の創設を切望していたが、具現化されなかった(38)。

京都大学農業簿記研究施設改組後、企業会計の研究者が農業会計の研究を試みるということが多くなった。2001 年に、IAS 第 41 号「農業」が公表されてから顕著にうかがわれる。また、企業会計から農業会計についての顕著な研究として、戸田（2014）のグループが、農業簿記の沿革から問題点、さらに、農業生産法人をモデル別に分析をして具体的な提言をしている(39)。

(3) IFRS の影響によるコンバージェンスと IAS 第 41 号「農業」の関係

2001 年に、財団法人財務会計基準機構（FASF: Financial Accounting Standards Foundation）および企業会計基準委員会（ASBJ: Accounting Standards Board of Japan）が設立された。企業会計原則の意見書は、金融庁企業会計審議会から公表されていたため、実務上の問題が生じた場合、かなりの時間差が生じていた。しかし、ASBJ から公表される企業会計基準は、実務上で問題が生じた場合、早急に検討し会計基準を公表することとなる。したがって、パブ

(38)　阿部亮耳（1986）「会計公準、会計原則と農業会計」『農業計算学研究』第 18 号、pp.1-12。

(39)　戸田龍介編著（2014）『農業発展に向けた簿記の役割―農業者のモデル別分析と提言―』中央経済社を参照。

リック・セクターからプライベート・セクターに移行したことでタイムラグの問題が無くなった。

そして、2005年に、「旧商法の第2編会社」、「有限会社法」、「株式会社の監査等に関する商法の特例に関する法律」等が独立して「会社法」が創設された。また、2009年に、「証券取引法」が「先物金融商品取引法」等と統合され、金融商品に関する法律として「金融商品取引法」が創設されることになった。

会社法431条において「株式会社の会計は、一般に公正妥当と認められる企業会計の慣行に従うものとする」と規定されている。一方、金融商品取引法193条においても「この法律の規定により提出される貸借対照表、損益計算書その他の財務計算に関する書類は、内閣総理大臣が一般に公正妥当であると認められるところに従って内閣府令で定める用語、様式及び作成方法により、これを作成しなければならない」と規定されている。

このことから、法人税法22条4項も含めて、「公正妥当な会計処理は如何なる基準に準拠すればよいのか」ということに対して、これは企業会計基準を示すということが明確にされた。そのため、トライアングル体制も崩壊し、企業会計原則自体も形骸化することになった。

1990年代後半から、バブル後の含み損が問題となり、また、IASの国際的な影響によって、取得原価主義から時価主義へと会計基準の大幅な変更がみられた。時価主義への移行によって、わが国の会計基準も時価主義へと移行していくことになる。これを「会計ビッグバン」とよぶ。現在、時価主義は、資産負債アプローチ（the assets and liabilities approach）の概念を導入し、利益に関する考え方も当期純利益から包括利益へと移行している。

2001年に、国際会計基準委員会（IASC: International Accounting Standards Committee）から承継してIASBが設置され、IASBから国際的な会計基準であるIFRSが公表されることになった。これによって、会計基準の国際化に拍車が掛かることとなった。

2003年に、欧州証券規制当局委員会（CESR: The Committee of European Securities Regulators）において、EUでは、目論見書指令を採択し、2009年以降

にIFRSの使用を義務付けるとした。2002年に、米国ではノーウォーク合意が公表され、IFRSと米国財務会計基準（SFAS: Statement of Financial Accounting Standards）のコンバージェンスに向けた動きが急速に進展した。しかし、2011年のIASBと米国財務会計基準審議会（FASB: Financial Accounting Standards Board）の覚書の進捗状況報告では、強制適用の延長を決定している。

2007年に、IFRSとのコンバージェンスの取り組みにかかわる「東京合意」を公表した。これによって、SFASとの差異を解消する方向へと向かうことになった。また、金融庁もSFASの任意適用を認めるとした。しかし、2011年に、震災後の産業界からの要請もあり現時点では米国同様に強制適用の時期決定には至っていない。

このように、コンバージェンスによって将来的に強制適用されることは確かである。2001年に、IASBからIAS第41号「農業」が公表されている。IAS第41号「農業」は、農業活動による会計処理を規定しているが、大規模な農業のみに限らず、小規模な農業も財務諸表の作成のために準拠しなければならないとしている。このことから、わが国の農業会計にも必ず将来的に何らかの影響があることは間違いない。IAS第41号「農業」の詳細については、後述することにする（第4章参照）。

2-2-2. 戦略経営論（農業経営）に関する諸研究と見解

(1) 戦後の農業経営の拡大と担い手不足

戦後、わが国は無条件降伏により、事実上、米国の占領下に置かれ、短期的および効率的に改革が実施された。わが国の農村の不平等と貧困の原因は、地主的土地所有制度にあるとされ、多くの途上国で農地改革が失敗に終わっているが、わが国では非軍事化および民主化のもとで徹底されることになった[(40)]。

この農地改革により、地主的土地所有制度の解体と自作農化を徹底し、残存小作地についても小作農の地位を強化して農業生産力を向上させることとなっ

(40)　速水佑次郎、神門喜久（2002）『農業経済論』新版、岩波書店、p.155。

た。暉峻（2003）は、この農地改革による影響が、高度経済成長を経て「いえ」および「むら」の変容と解体に繋がっていったと述べている[(41)]。その後、農林水産省を主導として、さまざまな農業政策が実施され、法律の創設も農業基本法をはじめとして整備された。

また、1947年に、戦前の農業会を基礎として農業協同組合が発足した。農業協同組合の組合員に対するサービス提供を目的として、指導事業、販売事業、購買事業、信用事業、共済事業等の複数事業を兼営している。このように、農業協同組合の会員数は約969万人となり、わが国において最大の農業者の経営組織になった[(42)、(43)]。大泉編（2014）は、農業者であれば皆加盟し、脱退しづらい状況を作り、実質的に加盟脱退の自由を奪っていると述べている[(44)]。

1962年に、農業基本法が創設された。戦後、わが国は高度経済成長へと進んでいくが、生活水準を高める手段として、国内総生産（GDP: Gross Domestic Product）の分配の公平性を優先させるか、GDPの成長を優先させるかというように、二つの意見に分かれ対立していた。しかし、速水・神門（2002）は、農業基本法の創設は、農業生産力を向上させることで、農業従事者と他産業従事者の所得および生活水準を均衡にするということが第一目標であり、成長を優先に考えたものであったと述べている[(45)]。そして、自立経営農家を目指した農業構造を理想としていた。すなわち農業構造の改善をすることで経営規模の拡大を図ったのである。

しかし、わが国の急速な経済成長および国際化の著しい進展の中で、食料、農業および農村を巡る状況は大きく変化し、国民が不安を覚える事態が生じてきた。そこで、1999年に、食料自給率の低下、農業者の高齢化、農地面積の

---

(41)　暉峻衆三編（2003）『日本の農業150年―1850～2000年―』有斐閣ブックス、p.137。
(42)　JA全中ホームページ「正組合員と準組合員」http://www.zenchu-ja.or.jp/profile/ja/b（最終検索日：2015年12月24日）
(43)　2010年の時点で、正会員約497万人および準会員約472万人となっている。
(44)　大泉一貫編（2014）『農協の未来―新しい時代の役割と可能性―』勁草書房、p.5。
(45)　速水佑次郎、神門喜久（2002）『農業経済論』新版、岩波書店、p.238。

減少、農村の活力の低下等の打開策として、「食料・農業・農村基本法」が創設され、農業基本法は廃止された。これにもとづいて、政府は、総合的かつ計画的な施策を推進することになる。

しかしながら、担い手不足の問題は顕著であり、1960年の農業就業者人口は約1,454万人であったが、2017年には約181万人となった[(46)]。また、農業就業者の年齢による割合は、60歳以上の者が約78%を占めている。企業では通常60歳が定年であるため、農業では定年を超えた者が中心となって、わが国の農業構造を支えているのである。さらに、TPPの問題もあり、輸入生産物の関税の引下げが実現化すれば、わが国の農業は大きな影響を受けることは明確である。

大泉（2012）は、わが国の農業は弱いと思い込んでしまったことが最大の弱みであると述べている。農業産出額では、世界有数の産出国であり決して衰退したとはいえず、農産物貿易に問題があると述べている[(47)]。さらに、農業は儲からないから仕方がないというのでは何も突破口が見つからないという。そこで、担い手不足の打開策として、農林水産省は、農業経営の法人化を推進している。これにより、農業経営の大規模化および効率化が可能となり、安価な輸入生産物に対して対抗できると考えている。

(2) 儲かる農業としての戦略経営論

また、大泉（2012）は、儲かる農業を目指さなければ、突破口は見つからないと述べている[(48)]。そのためには、まず、農業生産法人への法人化が必須である。そして、それを大規模化および効率化することによって、一般企業なみの儲かる農業が可能となる。さらに、大規模化および効率化を実現した農業生産法人は、一般企業と同様に経営管理および経営戦略を施策しなければならな

---

(46)　農林水産省ホームページ「農業労働力に関する統計」http://www.maff.go.jp/j/tokei/sihyo/data/08.html（最終検索日：2017年9月15日）

(47)　大泉一貫（2012）『日本農業の底力― TPPと震災を乗り越える！』洋泉社、pp.106-116。

(48)　大泉一貫（2012）『日本農業の底力― TPPと震災を乗り越える！』洋泉社、pp.106-116。

図表 2-2　SWOT チャート

		強み	弱み
		自己分析領域	
機会	環境分析領域	強みを生かして機会を捉える戦略	弱みを克服して機会を捉える戦略
脅威		強みを生かして脅威に対抗する戦略	弱みを克服して脅威に対応する戦略（撤退）

出所：井原久光（2013）『テキスト経営学［第 3 版］基礎から最新の理論まで』ミネルヴァ書房 p.229 にもとづいて著者作成。

い。したがってここでは、農業経営でも生産物または六次産業化による製品を販売することから、適用可能な学術的な戦略経営論について説明する。

a. SWOT 分析(49)

SWOT 分析は、アンドリューズ（Andrews, Kenneth R.）によって提案された。これは、自社の強み（Strength）、自社の弱み（Weakness）、環境における機会（Opportunity）、環境における脅威（Threat）を検討することによって、戦略を立案するというものである。その際、SWOT チャート（図表 2-2）を活用する。SWOT チャートから、外部要因の環境分析として、環境における機会および脅威を検討する。具体的な外部要因として、政治動向、規制、経済・景気、業界環境の変化や顧客ニーズ等があげられる。一方、内部要因の自社分析として、自社の強みおよび弱みを検討する。具体的な内部要因として、人材、財務、製造、4P 等があげられる。ちなみに、4P とは、マーケティング用語の商品（Product）、価格（Price）、プロモーション（Promotion）、および流通（Place）のことである。

このように、環境分析と自社分析は棲み分けが必要である。これらをそれぞ

(49)　井原久光（2013）『テキスト経営学［第 3 版］基礎から最新の理論まで』ミネルヴァ書房、pp.228-229。

れ列挙してクロスSWOT分析をすることで、強みを生かして機会を捉える戦略、強みを生かして脅威に対抗する戦略、弱みを克服して機会を捉える戦略、弱みを克服して脅威に対応する戦略（撤退）というように、戦略が立案され、これに優先順位をつけて実行に移す。

SWOT分析は、自社事業の事業戦略およびマーケティング計画を決定する際に活用される。SWOT分析で現状と自社のビジネス機会を明確にし、ビジネス機会をできるだけ多く獲得するための戦略または計画に落とし込むことになる。SWOT分析におけるビジネス機会とは、SWOT分析を通じて明らかにされた成功要因である。ただし、網羅的に全コラムを埋めることだけを目的とすると分析のための分析となり得るので注意しなければならない。

b. PPM（Products Portfolio Management）(50)

1965年頃に、ボストン・コンサルティングのヘンダーソン（Henderson, Bruce D.）とゼネラル・エレクトリック社と一緒にPPMは開発された。PPMは、市場成長率と相体的マーケティングを両軸に戦略的事業単位（SBU: strategic business unit）をマッピングして資源配分の見直しをする。その際、プロダクト・ポートフォリオ（図表2-3）を活用する。

プロダクト・ポートフォリオは、四つのマトリックスに分類され、「金の成る木」、「花形製品」、「問題児」、「負け犬」である。これら四つについて下記に説明する。

ア．金の成る木（Cash cow）

市場の拡大が見込めないため追加的な投資があまり必要でなく、市場シェアの高さから大きな資金流入および利益が見込める分野である。

イ．花形製品（Stars）

成長率および占有率ともに高く資金流入も大きいが、競合も多く、占有率の拡大に多額の追加投資を必要とする。高シェアを維持し続けることで

(50)　井原久光（2013）『テキスト経営学［第3版］基礎から最新の理論まで』ミネルヴァ書房、pp.229-230。

図表 2-3　プロダクト・ポートフォリオ

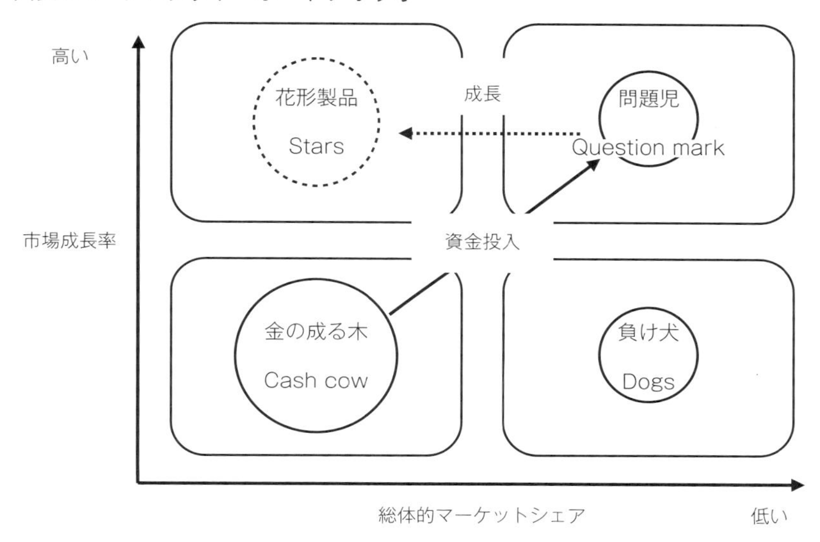

出所：井原久光（2013）『テキスト経営学〔第 3 版〕基礎から最新の理論まで』ミネルヴァ書房 p.230
にもとづいて著者作成。

「金の成る木」へ成長する可能性がある。

ウ．問題児（Question mark）

成長率が高い半面、占有率が低い分野であり、多額な投資資金が必要な一方、多くの資金流入は見込めない。占有率を高めることによって「花形製品」となる可能性はあるが、「負け犬」となる可能性もある。

エ．負け犬（Dogs）

撤退が検討されるべき分野である。

通常、「問題児」の領域の SBU は、育成または撤退の戦略的意思決定がなされる。撤退については問題ない。しかし、育成の戦略的意思決定がとられた場合、「金の成る木」の領域の SBU から収穫される資金を「問題児」の領域の SBU に投入し、「花形製品」に育成する戦略が採られる。

c. ファイブフォース分析（Five Force Analysis）(51)

マイケル・E・ポーター（Michael E. Porter）は、競争戦略論を体系化して学問にした第一人者である。そこで、ポジショニング・アプローチ（Positioning Approach）として、ポーターは、市場シェアが高まったり、製品の差異化が進んだり、参入障壁が高くなるということは、独占構造になって競争が阻害されるのではなく、このような状態を創ることが競争戦略であると唱えた。企業行動こそが、競争を促しており、市場を創造し富を作り出すと説明した。

このアプローチは、より好ましい事業領域および市場を求める戦略であり、アンゾフの成長戦略論で示した製品開発および多角化戦略とも結びつくし、前述したPPMの考え方とも一致するので強い支持を受けている。

ポーターは、競争戦略の目標を競争的な脅威を寄せ付けない場所に置くことだと考え、「競争業者」、「買い手」、「供給業者」、「新規参入者」、「代替品」という五つの競争要因によって、業界の構造および魅力を分析した。すなわち、「ファイブフォース分析」である（図表2-4）。

図表2-4　ファイブフォース分析

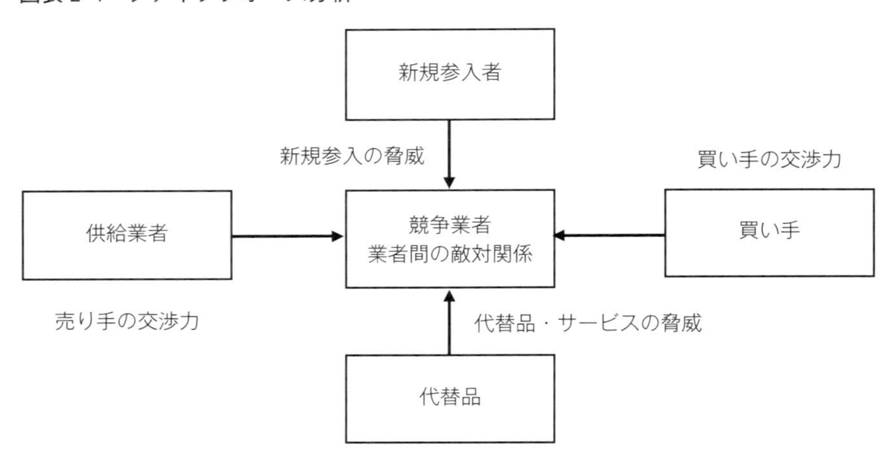

出所：井原久光（2013）『テキスト経営学［第3版］基礎から最新の理論まで』ミネルヴァ書房 p.232にもとづいて著者作成。

(51)　井原久光（2013）『テキスト経営学［第3版］基礎から最新の理論まで』ミネルヴァ書房、pp.231-233。

この「ファイブフォース分析」を活用して、戦略的標的と戦略の有利性の側面から「三つの競争戦略」に類型化する（図表 2-5)。「三つの競争戦略」に類型化すれば、「低コスト戦略」、「製品差異化戦略」、「集中戦略」となる。これら三つについて下記に説明する。

ア. 低コスト戦略

大量生産および販売によるコストメリットを生かして競合他社より低コストで製品を供給する戦略（コスト・リーダーシップ戦略）

イ. 製品差異化戦略

競合他社にない製品およびサービスを提供する戦略で、品質、機能、付加価値、消費者のブランド選考を高める努力をする戦略（質的優位の戦略）

ウ. 集中戦略

図表 2-5　ポーターの競争戦略の三つの類型

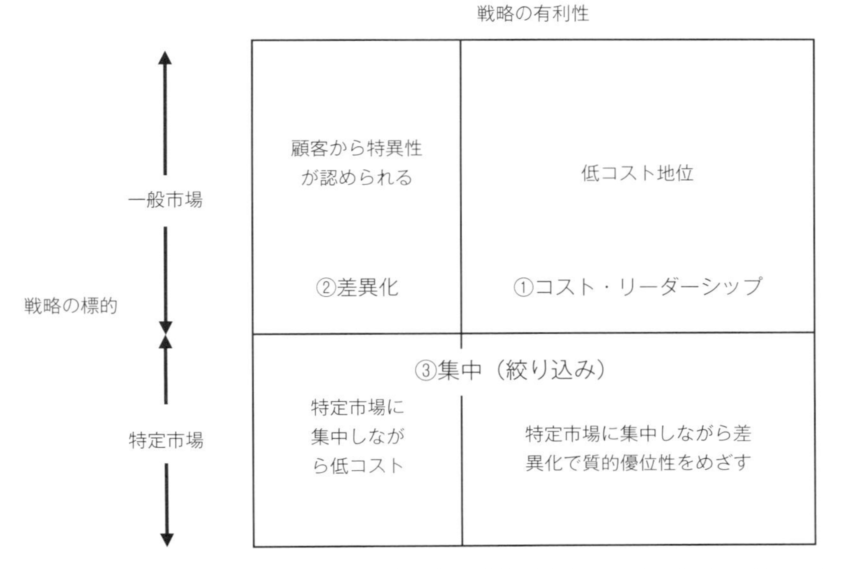

出所：井原久光（2013）『テキスト経営学［第 3 版］基礎から最新の理論まで』ミネルヴァ書房 p.233 にもとづいて著者作成。

特殊なマーケット・セグメントに絞り込んで、その市場で優位に立つ戦略（質的優位の戦略と量的優位の戦略が含まれる）

これらの競争戦略は、企業の市場における地位または競合企業との関係によって異なる。例えば、マーケット・リーダーは、一般市場の占有率の高さから、製品コストを抑えて供給するコスト・リーダーシップ戦略を採り、二番手または三番手であるマーケット・チャレンジャーは、品質、機能、付加価値、ブランド等の側面でマーケット・リーダーとの差異化を明確にする製品差異化戦略を採る。一方、マーケット・フォロワーは、一般市場の占有率が低い中小企業が多く、一般市場とは異なるマーケット・リーダーおよびマーケット・チャレンジャーが踏み込まない特定市場での集中戦略を採ることになる。

農業経営も大規模化および効率化を実施した場合、複数の生産物を生産し、これが同様に収益をあげるわけではない。当然、生産物に収益力のバラつきもある。また、六次産業化として展開すれば、生産物を加工した製品を販売することになり、その製品の販路を拡大するという問題も生じてくる。

そこで、「SWOT分析」によって、農業を取り巻く環境分析を実施し、その機会と脅威を炙り出し、自社分析によって強みと弱みを明確にすれば、自ずと強みを生かした戦略が見えてくる。一方、弱みと脅威に晒された要因は撤退ということになる。

また、既述したように、各生産物に収益力のバラつきがあるのは当然であり、同様に成り行きで生産物を生産すれば非効率的である。そこで、いかに資金および人材を投資するべきかという問題が生じてくる。この場合、PPMを活用すれば、各生産物のSBUが再認識され、各生産物の強みと弱みが再認識される。これによって、育成すべき生産物なのか、撤退すべき生産物なのか判断でき、投資戦略の意思決定も可能となる。

そして、生産物も一般企業でいえば製品と同じである。当然、同様の生産物を生産する供給者もいれば、それに代わる代替品的な生産物も複数生産する供給者もいる。また、買い手も農業協同組合だけではなく、販路を拡大していかなければならない。同様の生産物を生産しようとする若手の農業経営者も存在するし、他の地域の生産者およびそこからの独立者もいる。すなわち、新規参入者または競争業者である。このような五つの競争要因を「ファイブフォース分析」で検討すれば、改めて自らのポジショニングが判断でき、生産物をいかなる戦略で販売すべきかということも予測できる。

このように、農業生産法人は、これから成熟していく企業実体であるため、以上のような学術的な分析が適用されやすいのではないかと考えている。ブランド化または六次産業化で生じる問題も農業経営では一般企業より複雑ではないため、これらの戦略を活用すれば、将来的な経営戦略が立てやすいと考えられる。

2-2-3. 起業論（地域産業振興論）に関する諸研究と見解

(1) 六次産業化と食料産業クラスター

わが国の農業は、農業振興地域の整備に関する法律において農用地が規定されており、農地としての土地利用は自由ではない。そのため、生産者は代々にわたって農地を守り、そこで生産物を生産し続けたのである。しかし、担い手不足の問題が生じ、高齢化のために将来的には消滅することが予測される限界集落とよばれる地域も存在する。

ただし、農業も地域産業の一つであり、代々の農地であるため移転する地域産業でもない。その地域の発展のために、農業を足掛かりとした成功事例も存在する。その際、生産物を加工して製品として販売する六次産業化があげられる。特に製品をブランド化して全国に販売可能となれば、収益力は何倍にも増すことになる。さらに、農業経営の大規模化および効率化の延長には、農業、食品産業、研究等を巻き込んだクラスター化もある。本格的にクラスター化が推進されれば、その地域に雇用を生むことになり、人材の流入が見込まれる。ここでは、六次産業化とクラスター化について述べる。

2011 年 12 月 3 日に、「地域資源を活用した農林漁業者等による新事業の創出等及び地域の農林水産物の利用促進に関する法律」が創設された[52]。すなわち、農業経営の六次産業化を推進する六次産業化法である。その中で、一次産業としての農林漁業、二次産業としての製造業、三次産業としての小売業等の事業との総合的かつ一体的な推進を図って、地域資源を活用した新たな付加価値を生み出すものとして、六次産業がある。つまり、農業者自身が生産物を加工および販売することで、二次産業の事業主が得ていた加工賃および三次産業の事業主が得ていた流通マージン等の付加価値を直接得ることで活性化を図るというものである。

六次産業という名称は、一次産業と二次産業と三次産業を加算して六次産業という説と、一次産業と二次産業と三次産業を乗じて六次産業という説がある。従来は造語であったが、現在では農林水産省でも六次産業という名称を使用し、一般的に普及しているといえる。また、六次産業が寄せ集めであるということを否定し、三つの産業のうちどれかがゼロであれば成り立たないということと有機的および総合的という意味を強調してそれぞれの産業を乗じるという後者の説が再認識されている(53)。

六次産業の仕組みは、図表2-6に表わすように、トマトジュース製造および販売における六次産業の一例を挙げてみた。農業生産法人でトマトを生産していた場合、このトマトが生産物として生産され、従来は市場に卸して販売する

図表2-6　六次産業の仕組み

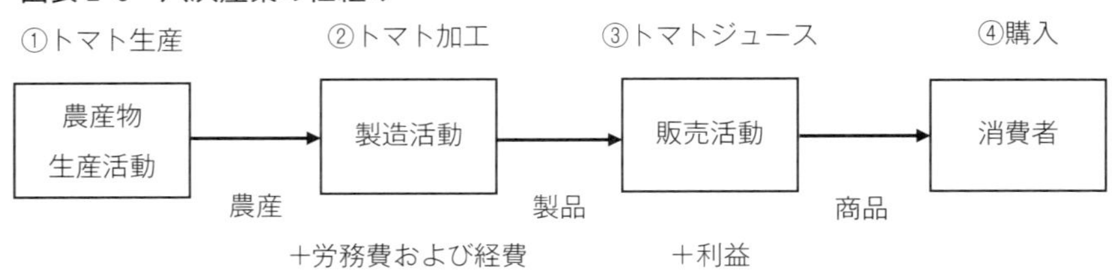

出所：著者作成。

(52)　2011（平成23）年3月1日に、第二章である「地域資源を活用した農林水産業者等による新事業の創出等」である六次産業化関係が交付された。

(53)　六次産業という名称の生みの親である今村奈良臣名誉教授（東京大学）は、後者の説が適正であると述べている。

だけであった。しかし、一部のトマトを加工して付加価値をつけてトマトジュースとして販売すれば、生産から販売まで担うことになり、より多くの利益を得ることが可能になる。収穫したトマトの一部をトマトジュースの製造加工に送り、そこで従業員がトマトを搾って、さらに調味料等で味を調整して、トマトジュースとして完成する。ただ、その場でカップに注いで販売すれば問題ないが、トマトジュースという商品を消費者に販売するならば、それを瓶詰してラベルを貼らなければ、トマトジュースという製品は完成しない。

このトマトジュースを単に販売するだけではなく、地域に根付いた生産物として上手くブランド化できれば、その地域の発展のために貢献できることになる。前述したように、農林水産省では、農業の産業化に向けて、六次産業化およびブランド化も推進している。これは国内だけの取り組みではなく、ジャパン・ブランドとして、クールジャパン機構および産業革新機構等と提携し、さらに、輸出にも重点を置いた政策である。

そして、クラスター化については、2005年に、農林水産省によって、食料産業クラスターの形成および推進を目的として、食料需給研究センターが設立された。ここで、農業、食品産業、異業種、地域の資源および人材、技術を有機的に結びつける支援をしている。また、2009年に、経済産業省および農林水産省によって、農商工連携の取り組みで食農連携促進技術対策が採られた。これをきっかけとして、本格的な食料産業クラスターによる食品産業、農林水産業等との連携の促進、国産農林水産物を活用した新商品開発、販路拡大等を試みようとしている。現在、農林水産省が地域における食料産業クラスターの取り組みを公表している（図表2-7）[54]。地域において食料産業クラスターの取り組みがなされているが、地域を巻き込んだ大規模なクラスターというわけではない。どちらかといえば、地域の生産物を加工またはブランド化するための提携に近い。

---

(54)　農林水産省ホームページ「地域における取組（食料産業クラスター・農商工連携等）」 http://www.maff.go.jp/j/shokusan/sanki/syokuhin_cluster/（最終検索日：2017年9月28日）

図表 2-7　地域における食料産業クラスターの取り組み

	地域における取り組み事例
北海道	北海道のオンリーワン食品を全国へ発信
	新たな調味料「鶏醤」を開発し、三笠市発の地域ブランド食品として全国へ発信
東北	宮城県内の食材を活用した統一ブランドへの取り組み
	ラ・フランスを活用した「プレミアム食品素材」ラ・フランスパウダーの開発
関東	鹿沼市内和菓子店・洋菓子店の統一ブランドへの取り組み
	栃木県産二条大麦を利用した焙煎麦めしの開発
	長野県産硬質小麦を活用したパン、ラーメン用粉の開発
北陸	加賀野菜等を使用したフリーズドライタイプの雑炊の開発、販売展開
	白山麓産の厳選素材を使用したこだわり味噌「傍（そい）」の開発、販売展開
近畿	兵庫県産エリンギを使用した新商品開発
中国四国	規格外の二十世紀梨を有効活用した「梨ワイン」、「梨スパークリングワイン」等の開発
	島根県特産の「牡丹」を利用した地域活性化の取り組み
	「阿波やまもも」の地域ブランド化への取り組み
九州	福岡県産富有柿を使用した糖蜜加工食品、饅頭「ふゆ」の開発、販売展開
	茎葉利用さつまいもの新品種「すいおう」を使用した洋菓子の開発
	宮崎県産干し大根を活用した新感覚ドレッシングの開発、販路拡大
	さつまいも新品種「すいおう」を使用した機能性スープの開発と料理試食会の開催
沖縄	沖縄産アカバナー（ハイビスカス）を使用した新商品の開発

出所：農林水産省ホームページ「地域における取組（食料産業クラスター・農商工連携等）」にもとづいて著者作成。

そこで、みずほコーポレート銀行産業調査部（2012）では、具体的な農業クラスターの全体イメージを提案している[(55)]。これは、農業クラスターの一つのリーディングモデルとも考えられる。図表2-8は、農業クラスターの全体イメージを示したものである。

農業クラスターは、農業生産法人とアクティブ農家を囲むようにして、栽培のイノベーション、生産性向上、共同保有、ノウハウの可視化、農産物の付加

(55)　みずほコーポレート銀行産業調査部（2012）「農業クラスター～アグリシティによる農業再生と新たな産業の創出～」『みずほ産業調査』Vol.39, pp.35-49。

図表 2-8 農業クラスターの全体イメージ

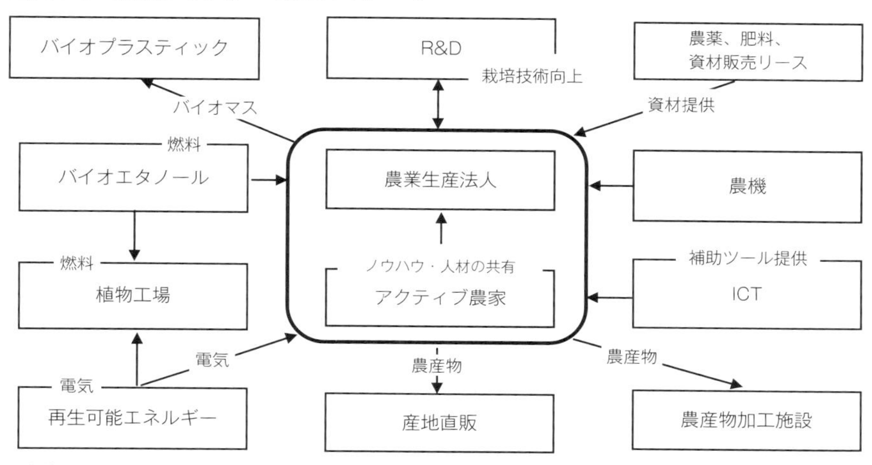

出所：みずほコーポレート銀行産業調査部（2012）「農業クラスター〜アグリシティによる農業再生と新たな産業の創出〜」『みずほ産業調査』Vol.39, p.49 にもとづいて著者作成。

価値向上、雇用創出、マーケティング・ブランド化、循環型エネルギー生産、トリジェネレーション（tri-generation）、循環型素材生産を目的とし、それぞれの組織が融合的に連携していく。

この提案は、大手食品小売企業がハブとなる企業主導型の農業クラスターである。ちなみに、現時点では企業参入も見受けられるが、ほとんど赤字であり、企業主導型では農業経営者からノウハウの吸収および蓄積、企業主導の経営、販売および生産のノウハウを有する大手食品小売企業のハブというようなステップを踏んでいかなければならない(56)。そして、この農業クラスターの周辺には、教育、医療、介護といった周辺産業も集積して、農業を中核としたアグリシティも視野に入れている(57)。

(56) みずほコーポレート銀行産業調査部（2012）「農業クラスター〜アグリシティによる農業再生と新たな産業の創出〜」『みずほ産業調査』Vol.39, p.37。
(57) みずほコーポレート銀行産業調査部（2012）「農業クラスター〜アグリシティによる農業再生と新たな産業の創出〜」『みずほ産業調査』Vol.39, p.49。

(2) 産業集積論

産業集積論の研究者として、アルフレッド・マーシャル（Marshall, A.）とアルフレッド・ウェバー（Weber, A.）がいる。ここでは二人の産業集積論を説明する。

まず、マーシャル（1920）は、『経済学原理』の著書の中で産業集積論について述べている。マーシャルは、「生産規模の増大から生じる経済を、個々の企業が規模を拡大することから生じる内部経済と産業全体の規模の拡大から生じる外部経済に分類」している(58)。そして、マーシャルは、産業集積がもたらす外部経済による影響の効果を三つに整理した(59)、(60)。

第一の外部経済効果として、「情報獲得と技術開発への影響」である。産業集積によって、個人のアイディアが共有され、さらに、そのアイディアに新たな知識が結びついて発展していくことになる。そして、マーシャルは、その地域の中での仕事に関する技術は、それを見ている地域の子供たちにも無意識に浸透していくと述べている。

第二の外部経済効果として、「原材料調達面および生産面への影響」である。産業集積は、関連産業の立地を促すことになるが、原材料の調達の利便性も高まることになる。そして、主要産業にとって必要不可欠な製造機械または工具等を製造する補助的産業の企業では、特化した特殊製品を製造していることから、それらを近隣の企業にも提供することが可能であり、特殊な製品でも必然的に一部の需要を有する。このようにして、主要産業は安価な特殊製品を購入することが可能となり、製造原価も抑制することができる。

第三の外部経済効果として、「人材確保への影響」である。企業は技能を有

---

(58)　稲水伸行、若林隆久、高橋伸夫（2007）「産業集積論と〈日本の産業集積〉論」『赤門マネジメント・レビュー』6巻9号、p.387。

(59)　稲水伸行、若林隆久、高橋伸夫（2007）「産業集積論と〈日本の産業集積〉論」『赤門マネジメント・レビュー』6巻9号、pp.388-389。

(60)　古永義尚（2009）「産業集積がもたらす外部経済効果を支えるもの—産地の企業事例が示す企業間関係を調整する『ルール』の重要性—」中小企業金融公庫総合研究所編『中小企業研究』第9号、pp.69-70。

する労働者が存在する地域に集積しようとし、一方、技能を有する労働者は個々の技能を評価してくれる企業へと移動する。このように、単なる労働者の雇用と技能を有する労働者の雇用では意味が異なり、企業は必然的に技能を有した労働者の確保が必要となる。また、労働市場の存在は、生産性にも良い影響を与えるという。つまり、労働市場が存在する地域では、熟練者は自由に企業間の移動が可能となる。

次に、アルフレッド・ウェバー（1922）は、『工業立地論』の著書の中で産業集積論について述べている[61]。ウェバーの産業集積論では、「集積因子は生産を或る場所において或る特定の集団として統合することによって生ずるところの生産または販売の低廉化」と定義している。

主要産業に付随して補助的産業が派生するわけだが、これら周辺の関連産業が設立され、そこに補助作業および部分作業が生じることになる。したがって、その地域に雇用を生むことになり、産業集積がなされる。この産業集積によって、労働市場の拡大、大量取引の可能性、水道光熱費等の引下げが可能となる。一方、産業集積によって、必然的に不動産の高騰が生じるわけだが、これらの費用は分散因子として捉えている[62]。

そして、ウェバーは、「輸送費および労働費が最小限になる工場立地を立地要因として加工係数」を提案している。加工係数は、加工価値を立地重量で除した数値のことである。この数値によって集積度合いが判断できるが、現在、この数値の資料としての取り扱いは無意味であると考える[63]。

また、産業集積の区分について、ウェバーは、経営の規模が拡大することを低次の段階とよび、数個の経営の近接は高次の段階とよんでいる。これは低次段階でも集積に含めると考えるため集積の意味が広義に捉えられている。そし

---

(61)　松原宏（1999）「集積論の系譜と『新産業集積』」『人文地理学研究』東京大学、第13巻、pp.85-86。

(62)　松原宏（1999）「集積論の系譜と『新産業集積』」『人文地理学研究』東京大学、第13巻、p.86。

(63)　松原宏（1999）「集積論の系譜と『新産業集積』」『人文地理学研究』東京大学、第13巻、p.86。

て、産業集積の区分についても純粋集積と偶然的集積を唱えており、前者は集積要因の必然的結果としての集積であり、後者は集積以外の輸送費および労働費を考慮したうえでの立地要因による集積としている。どちらも最終的には人口が集中するという現象が生じる[64]。

(3) クラスター戦略論

ポーター（1999）は、クラスターについて、「ある特定の分野における相互に結びついた企業群と関連する諸機関からなる地理的に接近したグループであり、これらの企業群と諸機関は、共通性と補完性によって結ばれている」と定義している[65]。すなわち、クラスターとは、群れおよび葡萄の房を意味しており、地理的にさまざまな企業、研究所、大学、自治体等の諸機関が集積し、このように形成されたクラスターが、生産性の向上またはイノベーションの役割を果たすことになるのである。

わが国でも2001年に、経済産業省から「世界に通用する新事業が次々展開される産業集積」が発表され、産業クラスター計画が推進されてきた。2017年現在、全国にさまざまな産業クラスターが存在している。これらの産業クラスターが、地域において競争優位性を発揮すると考えられている。

ポーター（1999）は、クラスター戦略を提案し、生産性の向上またはイノベーションから多角化経営という拡大経営に繋がるように、クラスターの競争優位性を確保するために四つの条件をあげている[66]。図表2-9は、四つの条件をフレームワークに示したものである。

図表2-9に示すように四つの条件である、「a. 関連産業・支援産業」、「b. 要素条件」、「c. 企業戦略および競争環境」、「d. 需要条件」が個別または相互に作用しながらクラスターの立地競争の優位に繋がっていく。この四つの条

---

(64)　松原宏（1999）「集積論の系譜と『新産業集積』」『人文地理学研究』東京大学、第13巻、p.86。

(65)　マイケル・E・ポーター著、竹内弘高訳（1999）『競争戦略論Ⅱ』ダイヤモンド社、p.70。

(66)　マイケル・E・ポーター著、竹内弘高訳（1999）『競争戦略論Ⅱ』ダイヤモンド社、pp.82-85。

図表 2-9　立地競争優位の源泉（ダイヤモンド・フレームワーク）

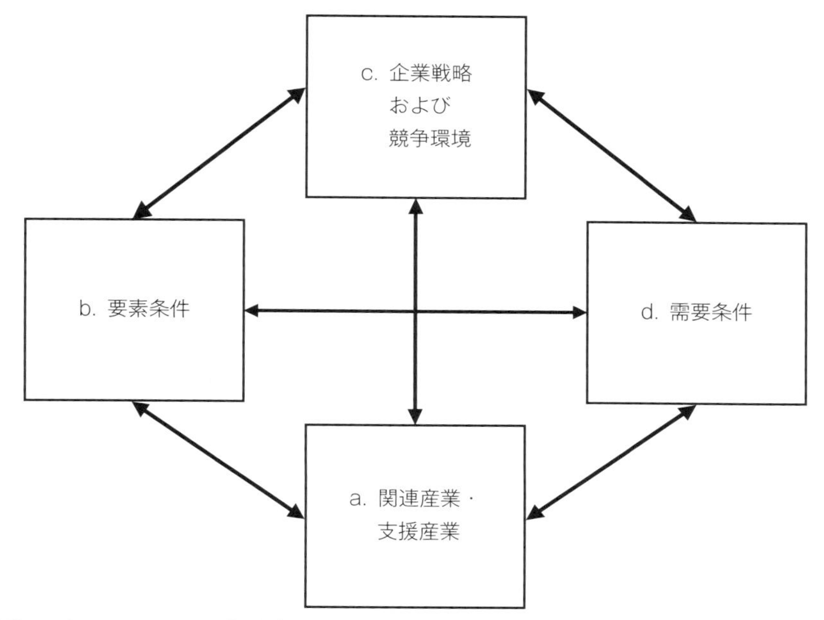

出所：マイケル・E・ポーター著、竹内弘高訳（1999）『競争戦略論Ⅱ』ダイヤモンド社 p.83 にもとづいて著者作成。

件の関係を「ダイヤモンド・フレームワーク」とよんでいる。そこで、これらの条件について説明する(67)。

a. 関連産業・支援産業

「関連産業」とは、「有形資産等を供給する企業」のことである。また、「支援産業」とは、「資金面、人材面、経営面等の支援をする企業」のことである。

b. 要素条件

「要素条件」とは、「有形資産、情報、法律制度、大学研究機関等」のことである。生産性を向上させるには、要素投入の効率および品質を向上させ、特定のクラスターに特化したものでなければならない。

---

(67)　マイケル・E・ポーター著、竹内弘高訳（1999）『競争戦略論Ⅱ』ダイヤモンド社、pp.84-85。

c. 企業戦略および競争環境

「企業戦略および競争環境」とは、「地元の競合のタイプまたは激しさを決定づけるルールおよびインセンティブ、規範」を意味している。これらは、二つの次元で捉えられ、はじめに、さまざまな形態での投資環境であり、次に、競合状態そのものに影響を及ぼす政策である。

d. 需要条件

（国内）需要条件では、「企業が模倣性の強い低品質な製品およびサービスから差異化にもとづいた競争に移行できるか否か」で左右される。グローバル経済では、地元需要の規模よりも品質の方が重要となる。

上述した四つの条件が共通性および補完性を有して、クラスターが形成されることになる。ポーターは、クラスターの優位性について述べている[(68)]。

まず、生産性の向上の優位性である。クラスターを形成することによって、地域内での競争力のある関連産業および支援産業に対して、技術、情報、サービス、人材の確保が効率的に実施できる。そして、その技術による専門的情報も蓄積されていくことになる。これらは、公共機関も含めてさまざまな要因が身近にあることから費用削減にも繋がっていくことになる。さらに、クラスターとの補完性が促進され、クラスターと間接的に繋がりを有するものも生じる。

次に、イノベーションの優位性である。クラスターに属する場合、必然的に新規の顧客ニーズを探索しなければならない。よって、新規の技術、オペレーション、製品情報の確保および学習を必然的に行わなければならない。そこから、イノベーションおよび機会を見出すことになる。また、クラスターの密接性から信頼性およびコミュニケーションを育み、これらを活用することで取引コストの削減にも繋がる。

最後に、新規事業の形成の優位性である。クラスター内には、市場機会の情報が豊富に存在する。したがって、参入障壁が低いことから、クラスター内で

---

(68)　マイケル・E・ポーター著、竹内弘高訳（1999）『競争戦略論Ⅱ』ダイヤモンド社、pp.86-102。

新規事業を比較的創設しやすい。

さらに、ポーターは、政府はゼロからクラスターを形成するのではなく、既存のクラスターおよび新規事業を強化すべきであると述べている(69)。ある意味、これは地域に存在する既存の機関と企業がクラスターを形成し、徐々にクラスターの規模を拡大するにあたって、新規の機関および事業を創設する政策が政府にとって必要であると捉えられる。つまり、既存のクラスター内部に新規事業を形成するということである。

このクラスターに対して、アナリー・サクセニアン（Annalee Saxenian）(2009）は、地域産業システムという概念を提案している(70)。地域産業システムとは、地域の組織および文化、産業構造、企業内部構造の三つの側面がどのように関係して構成されているかを明確にした。三つの側面は、経済的関係が当然関り合うわけだが、経済的関係以外の部分にも着目している。すなわち、企業組織内での階層構造および責任、役割等の制度的関係と地域内での共通の理解および慣行、労働市場への行動、リスク許容度等の文化である社会的関係である。したがって、これらも含めたうえで、総体的に地域産業システムの概念を捉えた。特に、産業が上手くいくためには、地域に特定化した地域の要因が重要であると述べている(71)。

---

(69)　マイケル・E・ポーター著、竹内弘高訳（1999）『競争戦略論Ⅱ』ダイヤモンド社、pp.103-105。

(70)　浜松翔平（2009）「シリコンバレーとルート 128 における地域産業システムのその後の展開―経営学輪講 Saxenian（1994）―アナリー・サクセニアン」『赤門マネジメント・レビュー』8 巻 3 号、pp.116-117。

(71)　浜松翔平（2009）「シリコンバレーとルート 128 における地域産業システムのその後の展開―経営学輪講 Saxenian（1994）―アナリー・サクセニアン」『赤門マネジメント・レビュー』8 巻 3 号、p.115。

第3章　わが国の農業経営の現状

前章において、選択した三つの研究領域である財務会計論および農業会計論を含んだ経済・金融論、農業経営論を含んだ戦略経営論、地域産業振興論を含んだ起業論に関する諸研究と見解についてレビューを行った。しかしながら、わが国の農業では、担い手不足の問題を始めとして、耕作放棄地の問題ならびに農業経営の法人化の問題とさまざまな問題を抱えている。

そこで、わが国の農業経営の現状を知るには、より詳細な数値を用いた説明でなければ理解は困難である。本章では、農林水産省が公表している数値を用いて、耕地面積、農業総産出額および生産農業所得、農業就業者、専業農家および兼業農家の推移、農家の所得、新規就農者数の推移、農業生産法人数の推移等について説明する(72)。

3-1. わが国の農地の現状と農産物の生産について

3-1-1. 耕地面積

耕地とは、農作物を耕作するための土地のことである。田とは、穀物（稲）を栽培するための農地であり、水を張った水田が一般的である。したがって、ここでは、稲を栽培する農地のことを田とする。畑とは、稲以外の穀物を栽培するための農地であり、野菜、豆、芋、果樹等が栽培される。また、水を張らない耕地であるため、水のない田ということで陸田とよぶこともある。なお畑は、樹園地、牧草地、普通畑に大別される。図表3-1は、耕地面積および作付け延べ面積を示したものである。

わが国の耕地面積は、444万4,000 haであり、このうち田は、241万8,000

---

(72)　農林水産省ホームページで公表されている資料で出来る限り最新のものを使用している。

図表3-1　耕地面積および作付け延べ面積　（単位：万ha）

	2012年	2013年	2014年	2015年	2016年	2017年
耕地面積	454.9	453.7	451.8	449.6	447.1	444.4
田	246.9	246.5	245.8	244.6	243.2	241.8
畑	208.0	207.2	206.0	205.0	203.9	202.6
耕地率(%)	12.2	12.2	12.1	12.1	12.0	11.9
水田率(%)	54.3	54.3	54.4	54.4	54.4	54.4

出所：農林水産省大臣統合統計部公表（2017c）「農林水産省統計　平成29年耕作面積」農林水産省 p.1にもとづいて著者作成。

haで、畑は202万6,000 haとなっている。このことから、田畑別の面積割合は、水田率が54.4%となり、畑が11.9%となる。ちなみに、1961年の耕地面積は、約609万haであり、同年を境に徐々に減少している。

ちなみに、2015年の荒廃農地は、28万4,000 haであった。荒廃農地とは、以前耕作していた土地で、過去1年以上作物を作付けせず、この数年の間に再び作付けする予定のない土地のことである。荒廃農地は、ほぼ横這いであるが、再生利用な荒廃農地は、2011年の14万8,000 haから2015年の12万4,000 haと減少している。これは手が付けられない荒廃農地が増えていることを示している。おそらく、担い手がいないために、荒廃農地にせざるを得ないと予測される。したがって、高齢者の農業従事者が農業という生業から離れ、そのまま荒廃農地になってしまい、何年もの間、荒廃農地の状態が続くと、なかなか新たな耕作機会は訪れないことになる。しかし、農業への若者の参入により、担い手として耕地を引き継ぎ、比較的荒れ方が酷くない荒廃農地では、新たに耕地とする試みにより、再生利用が可能となる考えられる。

3-1-2. 農業総産出額および生産農業所得

農業経済の指標として、農業総産出額と生産農業所得がある。農業総産出額とは、農業生産活動による最終生産物の総産出額であり、農産物の品目別生産量から、二重計上を回避するために、種子および飼料等の中間生産物を控除した数量に農家庭先価格を乗じて計算された金額である。農家庭先価格とは、都

図表 3-2　2014 年および 2015 年の農業総産出額

区分	2014 年		2015 年		前年度増減率 (%)
	実額（億円）	構成比（%）	実額（億円）	構成比（%）	
農業総産出額	83,639	100.0	87,979	100.0	5.2
耕種計	53,632	64.1	56,245	63.9	4.9
米	14,343	17.1	14,994	17.0	4.5
野菜	22,421	26.8	23,916	27.2	6.7
果実	7,628	9.1	7,838	8.9	2.8
花き	3,437	4.1	3,529	4.0	2.7
工芸農作物	1,889	2.3	1,862	2.1	△ 1.4
畜産計	29,448	35.2	31,179	35.4	5.9
肉用牛	5,940	7.1	6,886	7.8	15.9
乳用牛	8,051	9.6	8,397	9.5	4.3
豚	6,331	7.6	6,214	7.1	△ 1.8
鶏	8,530	10.2	9,049	10.3	6.1

出所：総務省ホームページ「政府統計の総合窓口 平成 27 年生産農業所得統計」
file:///C:/Users//AppData/Local/Packages/Microsoft.MicrosoftEdge_8wekyb3d8bbwe/TempState/Downloads/e015-27-b.pdf にもとづいて著者作成。

市の中心市場における農産物の市場価格から中心市場までの運搬費を控除した価格のことである。一方、生産農業所得とは、農業総産出額から物的経費を控除して経常補助金等を加算した農業純生産の金額である。具体的には、農業総産出額に所得率を乗じて経常補助金を加算して計算した金額である。図表 3-2 は、2014 年および 2015 年の農業総産出額を示したものである。

2015 年の農業総産出額は 87,979 億円であり、2014 年よりも 4,340 億円の増加である。ちなみに、2015 年の GDP 5,305,452 億円のうち農業は 46,707 億円であり、2013 年の 45,012 億円よりも増加している[73]。この数値は、以前よりも回復の兆しが窺われる。1985 年の農業総産出額では 116,295 億円で過去最高であったが、徐々に低迷していき現在に至っており 2010 年の農業総産出額は 81,214 億円で過去最低の数値であった。しかしながら、ここ数年は回復基調で

(73)　農林水産省ホームページ「GDP（国内総生産）に関する統計」
http://www.maff.go.jp/j/tokei/sihyo/data/01.html（最終検索日：2017 年 11 月 23 日）

やや右肩上がりになってきている。

次節でも述べるが、この回復の兆しには、農業への若者の参入が影響していると考えられる。若手の参入により、積極的な農業経営を試みられ、農業経営の大規模化および効率化を目指していると考えられる。図表3-3は、生産農業所得の推移を示しており、生産農業所得は、1994年の51,084億円から徐々に低迷している。しかしながら2009年からは徐々に増加の傾向にあり、2015年には32,892億円になっている。この数値の推移は、ほぼ農業総産出額と同様の動きであり、農業総産出額が増加すれば、生産農業所得も増加する。農業総産出額に占める生産農業所得の割合が、農業従事者の手許に残る金額の割合を示すことになる。すなわち、その割合が所得率に近い数値となる。2012年は37.3%となっていた。1975年までは50%を超えており、1998年までは40%台で推移していた。2017年現在では30%台を推移しているが、これは輸入農産物による価格競争によって農家庭先価格が低下し、一方で運搬費等の流通コストが負担となっている。このことを踏まえれば、流通コストを含めて生産コストを削減する必要がある。ちなみに、2006年に、政府は「21世紀新農政

図表3-3　生産農業所得　（単位：億円）

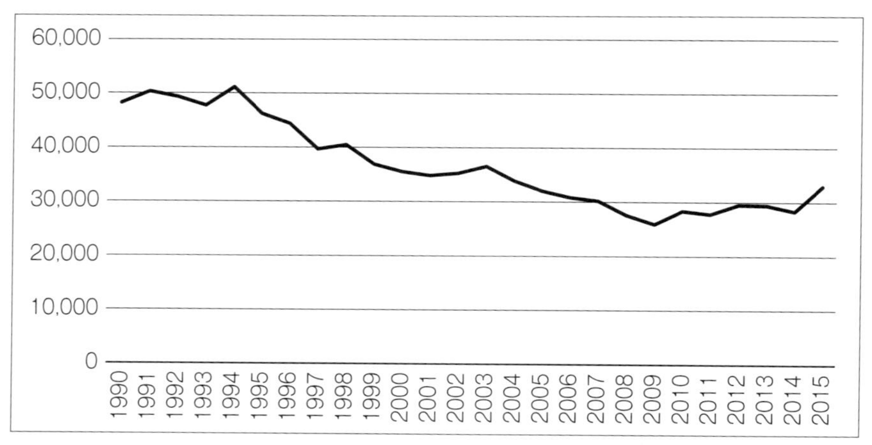

出所：農林水産省大臣統合統計部公表（2015）「農林水産省統計　平成27年農業総産出額及び生産農業所得（全国）」農林水産省にもとづいて著者作成。

図表 3-4　2017 年の農業就業人口（年齢層別）　（単位：万人）

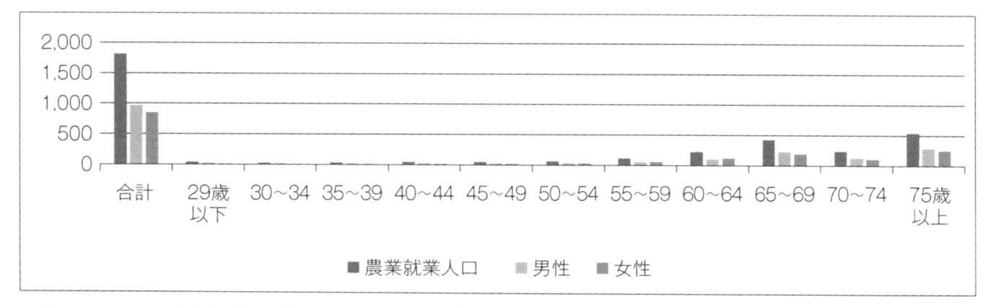

出所：農林水産省大臣統合統計部公表（2017b）「農林水産省統計　平成 29 年農業構造動態調査」農林水産省、pp.22-24 にもとづいて著者作成。

2006」の中で食料供給コストを 2 割削減する目標を掲げ、「食料供給コスト縮減アクションプラン」に取りまとめた。

3-2. わが国の農業就業人口の推移と農家の所得について

3-2-1. 農業就業人口の推移

農業従事者とは、15 歳以上の農家世帯員のうち調査日前 1 年間に自営農業に従事した者のことである。そして、農業就業者とは、15 歳以上の農家世帯員のうち調査期日前 1 年間に農業のみに従事した者または農業と兼業の双方に従事したが農業の従事日数の方が多い者のことである。図表 3-4 は、2017 年の農業就業人口を年齢層別に分類したものである。

農業就業人口の数値は、農業従事者数と異なる意味をもっており、2017 年の農業就業人口は約 181 万人であり、60 歳未満の割合は極端に少なくなっている。60 歳未満の農業従事者の割合は約 38%であったが、農業就業人口の割合は約 22%となっている。このことは、農業を主の生業としている者は、60 歳以上の者が約 78%であるということである。企業では、通常 60 歳で定年を迎えるのが一般的であるが、農業では定年を超えた者が中心となっており、わが国の農業構造を支えているのである。

ちなみに、2017 年の農業従事者数は約 300 万人であり、各年齢層で男性の

図表 3-5　農業就業人口の推移　（単位：千人）

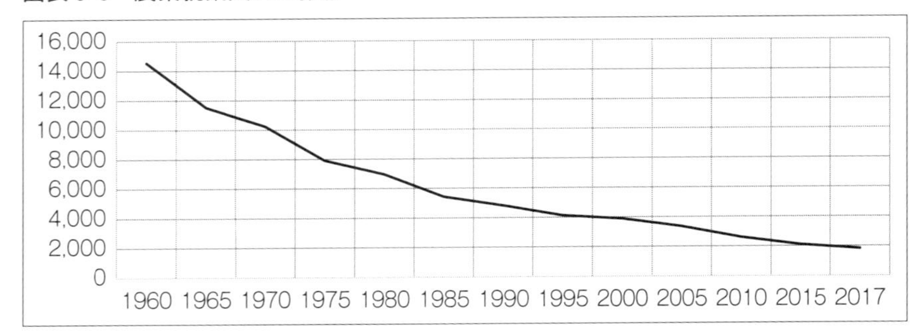

出所：農林水産省大臣統合統計部公表（2017b）「農林水産省統計　平成29年農業構造動態調査」農林水産省等の資料にもとづいて著者作成。

方がわずかながら上回っている。ただ、農業従事者数では、60歳未満の割合も多く、約112万人が農業に従事しており約38％を占めている。これは農業を主としない兼業の者が、休暇を活用して農業に従事するため、これらの年齢層の人数が含まれるのである。ただ、農業への若手の参入によって、将来的には農業就業人口の年齢層による割合もかなり変化が現われてくると予測される。図表3-5は、農業就業人口の推移を示めしたものである。

農業就業者人口の推移は、2017年の約181万人まで右肩下がりで減少している。ちなみに、1960年の農業就業者人口は約1,454万人であったが、2017年の現状では、当然、担い手不足という問題は生じてくる。このように、農業就業人口の高齢化によって担い手がいないことから、農業への若手の参入が注目されるが、高齢を理由に離農せざるを得ない人数を上回ることは不可能である。今後、農業就業人口は数年でさらに急激な減少が予測されるが、若者の参入（農業生産法人化等）により割合も是正されると考えられる。

3-2-2. 農家の分類

農家の分類として専業農家および兼業農家がある。専業農家とは、世帯員の中に兼業従業者がいない農家のことであり、一方、兼業農家とは、世帯員の中

図表 3-6　専業農家および兼業農家の推移　（単位：万戸）

	1995 年	2000 年	2005 年	2010 年	2015 年	2016 年	2017 年
専業農家	42.8	42.6	44.3	45.1	44.3	39.5	38.1
兼業農家	175.7	191.1	152.0	118.0	88.7	86.7	82.0
第一種兼業農家	49.8	35.0	30.8	22.5	16.5	18.5	18.2
第二種兼業農家	172.5	156.1	121.2	95.5	72.2	68.2	63.8

出所：農林水産省大臣統合統計部公表（2017a）「農林水産基本データ集　農家に関する統計」農林水産省にもとづいて著者作成。

に一人以上の兼業従業者がいる農家のことである。さらに、兼業農家は第一種兼業農家および第二種兼業農家に分類される。第一種兼業農家とは、農業による所得が主となる兼業農家のことであり、一方、第二種兼業農家とは、農業による所得が従となる兼業農家のことである。

なお、専業農家および兼業農家は減少の一途である（図表 3-6）。もちろん農業従事者数および農業就業人口が減少しており致し方ないことではある。ただし、専業農家に関して減少はしているが、22 年間に約 9％程度の落ち込みであり、ほぼ横ばいに近い推移といえる。しかし兼業農家は、約 54％の減少と落ち込みが大きい。このことは農業が他の産業よりも効率性が芳しくないことから、離農していることを示していると考えられる。したがって、前述した農業総産出額および生産農業所得の減少とも比例しているわけである。さらに、効率性ということを考慮すれば、兼業農家の減少に歯止めが利くことはない。

次に、農業所得および労働力の状況を考慮して農家を分類すれば、主業農家および副業的農家に分類される。主業農家とは、年間 60 日以上農業に従事する 65 歳未満の世帯員がいる農家で、農業所得が所得のうち 50％以上である農家のことである。農業所得が所得のうち 50％未満であれば、準主業農家となる。また、副業的農家とは、65 歳未満の世帯員がいない農家のことである。

主業農家および副業的農家の推移は、図表 3-7 に示すように減少の一途である。これは農業従事者数および農業就業人口が減少しているので当然のことと言える。

図表 3-7　主業農家および副業的農家の推移　　（単位：万戸）

	1990年	1995年	2000年	2005年	2010年	2015年	2016年	2017年
主業農家	82.0	67.8	50.0	42.9	36.0	29.4	28.5	26.8
準主業農家	95.4	69.5	59.9	44.3	38.9	25.7	23.7	20.6
副業的農家	119.6	127.9	123.7	109.1	88.3	77.9	74.1	72.7

出所：農林水産省大臣統合統計部公表（2017a）「農林水産基本データ集　農家に関する統計」農林水産省にもとづいて著者作成。

しかし、専業農家および兼業農家の推移（図表3-6）と比較すれば、主業農家の戸数が、専業農家の戸数よりも約11万3,000戸少ないことが分かる（2017年)。このことは農業を生業としている65歳以上の世帯員のみの農家がいかに多いかを示しており、主業農家に準主業農家を加えた戸数よりも副業的農家の戸数が上回っていることからも分かる。

3-2-3. 農家の所得

そこで、農家の所得も何らかの影響を及ぼしているのではないかと考え、所得との関係について述べる。若干古い資料だが、2013年に、農林水産省大臣統合統計部公表から公表された「(1) 農林構造と農林経営の動向」の中で、主業農家および副業的農家の総所得の構成について示した資料がある。2007年の主業農家の総所得は548万円であり、その約8割の429万円が農業所得である。ここで、農業所得とは、農産物の販売収入から農業経営費を控除したものである。一方、準主業農家の総所得は577万円、副業的農家の総所得は471万円である。しかし、それぞれの農業所得は、準主業農家では59万円、副業的農家では32万円程度で1割にも満たない。農業を生業とすれば、平均で429万円の所得を得ることができており、それ以上に所得を得ている者もいる。

ちなみに、2017年に、国税庁から発表された「民間給与実態統計調査―調査結果報告―」によれば、業種別の平均給与で農林水産・鉱業は294万円、平均給与では2016年で421万円である[74]。この数値のみで判断すれば、農林水

---

(74)　国税庁長官官房企画課公表（2017)「民間給与実態統計調査―調査結果報告―」国税庁 p.9。

図表 3-8　2007 年の農業類型別にみた主業農家の所得　（単位：万円）

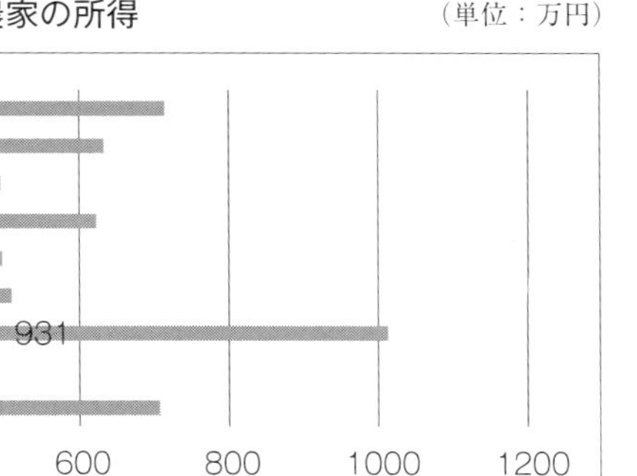

出所：農林水産省（2009）「農業構造及び所得の動向」農林水産省 2009 年 2 月 p.5 にもとづいて著者作成。

産・鉱業の所得は低いと考えられるが、これは農業を主的な生業としない準主業農家および副業的農家を含めた平均であるため、正確な判断とはいえない。よって、主業農家の農業所得の平均で判断すれば、決して平均給与よりも極端に低いとはいえないのではないだろうか。

図表 3-8 は、農業類型別にみた主業農家の所得（2007 年）であるが、地域により農業所得の金額にだいぶ差がある。例えば、北海道では畑作および稲作の農業所得は、他と比較して所得が高い。要因は耕地面積の拡大化、および農業経営の大規模化であり、農業生産力、および効率性が図られ、それらが向上することから、北海道の畑作の農業所得の平均が 931 万円となっている。大規模化、効率化の結果がよく表れており、他の産業に劣らない収益を上げている。

3-3. 新規就農者数および農業生産法人数の推移について

3-3-1. 新規就農者数の推移

既述のように、農業就業人口は右肩下がりで減少しており（図表 3-5）、担い手不足が深刻な問題となっている。また、TPP の交渉参加によって、将来的な方向性は、関税の撤廃へと向かうことが予測される。海外の安価な生産物の輸入に対して、わが国の農林水産業は競合することになる。その際、2017年現在のわが国の農業構造では、全く太刀打ちできない現状である。2017年の農業就業人口約181万人のうち、60歳以上の者が約78%という状況であり（図表3-4）、担い手が不足していることは明らかである。

しかし、新規就農者に関しては、2016年の新規就農者数は60,160人であり（図表3-9）、1年に約5万から7万人の間で新規就農者がいることが分かる。2016年度の内訳であるが、新規自営農業就農者が46,040人、新規雇用就農者が10,680人、新規参入者が3,440人となっており、49歳以下の新規就農者数は22,050人となる。この数値から若手の参入が明確に増加しているとは言い難い。ただし、毎年、一定の若者が農業に就農していることも確かであり、今後、新規自営農業就農者の人数が増加すれば、必ず若手の参入が見込めるとも考えられる。

跡継ぎでなければ農家にはなれないという風潮も払拭され、農業をビジネスと捉える若者も現われてきており、農業に対するイメージも徐々に変わりつつある。既述したように、専業農家の戸数は横這いに近いが、第一種および第二種兼業農家は減少している（図表3-6）。このことは、主業農家の総所得の構成

図表3-9　新規就農者数の推移　（単位：人）

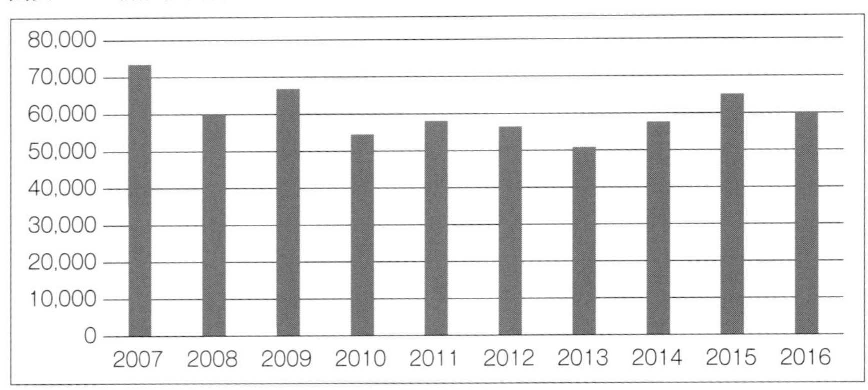

出所：農林水産省大臣統合統計部公表（2016）「農林水産省統計　平成28年新規就農者調査の結果」農林水産省 p.1にもとづいて著者作成。

から分かるように、今日では農業に特化すれば、他産業従事者と同様の所得を得ることが可能であると考えられる（図表3-8）。

3-3-2. 農業生産法人数の推移

担い手不足を解消するという問題以外に、海外の安価な農産物の輸入に対抗するためにも、農業経営の大規模化および効率化を目的とした農業に特化した組織作りが必要ではないかと考えられている。そのためには、多様な農家の任意組合を法人化する必要性があると考えられ、法人化することによって担い手不足の解消の糸口にも繋がるのではないかと予想される。農業生産法人数は年々増加しており、2005年から2015年までの推移で、農業生産法人数は、8,700社から18,857社へと増加しており2倍以上の伸び率である（図表3-10）。

しかしながら、法人化することが売上高に伸びに上手く繋がるわけではない。農業生産法人の半数以上が売上高3,000万円以下という現状であるが、売上高5億円以上の農業生産法人も851社存在する（2015年）。2005年と2015年の売上高を比較すれば、やはり、農業生産法人全般の経営状況が芳しくないことは否めない。

図表3-10　農業生産法人生産物売上高と農業生産法人数の推移　（単位：社）

	2005年	2010年	2015年	05年と15年の増減
300万円未満	892	1,314	2,642	196.2%
300万円～700万円	618	1,002	1,809	192.7%
700万円～1,500万円	869	1,625	2,723	213.3%
1,500万円～3,000万円	1,082	1,892	2,920	169.9%
3,000万円～5,000万円	937	1,525	2,082	122.2%
5,000万円～1億円	1,370	1,694	2,364	72.6%
1億円～3億円	1,581	1,872	2,243	41.9%
3億円～5億円	409	516	672	64.3%
5億円以上	547	648	851	55.6%
合計	8,700	12,511	18,857	116.7%

出所：農林水産省（2017）「平成28年度 食料・農業・農村の動向」農林水産省第193回国会提出資料 p.30 にもとづいて著者作成。

しかし、法人化することによって、さまざまな利点が考えられる。その中で就労条件の整備による有能な人材の確保という利点は大きい(75)。すなわち、農業生産法人を一企業として捉えれば、担い手不足という問題は解消されると考えられる。

(75)　法人化による利点として、家計と経営の分離、信用性の向上、有用な人材の確保、経営発展の可能性等があげられる。また、財務上の利点としては、法人税と所得税の課税の違いによる節税、税制上の特例措置の適用、融資枠の拡大等もあげられる。

第4章　わが国の農業会計とコンバージェンス

2001年に、国際会計基準委員会（IASC: International Accounting Standards Committee）からIAS第41号「農業」が公表された。IAS第41号は、農業活動による会計処理を規定しているが、大規模な農業のみに限らず、小規模な農業も財務諸表の作成のために準拠しなければならないとしている。しかし、わが国では、農業会計基準というものは存在しない。近年、会計基準のグローバル化によって、IFRSへのコンバージェンスの波が、わが国へも押し寄せており、わが国の農業が、IAS第41号をどのように捉えていけばよいのかという問題が生じている。農業会計を述べるにあたり、IAS第41号「農業」とIFRSへのコンバージェンスは回避できない。本章では、会計基準のグローバル化の動向について、IFRSへのコンバージェンスと、IAS第41号「農業」の詳細について説明する[76]。

4-1. 会計基準のグローバル化と農業会計

4-1-1. 会計基準のグローバル化

1962年のニューヨークで開催された第8回国際会計士会議、および1967年にパリで開催された第9回国際会計士会議において、会計基準の統一化が正式に統一論題とされた[77]。その後、1966年のカナダ勅許会計士協会年次総会において、イングランド・アンド・ウェールズ勅許会計士協会会長H. Benson氏を中心にして、英国、カナダ、米国の3カ国で国際会計共同研究機関の設置

(76)　本研究では、農産物を「生産物」という用語に統一しているが、本章では、会計基準にあわせて「生物資産」および「農産物」という用語を使用する。

(77)　第8回国際会計士会議の統一論題は、「世界経済と会計」で、第9回国際会計士協会の統一論題は、「会計原則の国際的調和」であり、会計基準の統一化を中心に議論された。

が勧告された[78]。そして、同年に、国際スタディ・グループ（AISG: Accounting International Study Group）が創設され、会計基準の統一化の研究が一層進められることになった[79]。

この国際スタディ・グループのメンバーを中心にして、1973年6月に、IASCが創設されることになった。創立委員国は、オーストラリア、カナダ、フランス、西ドイツ、日本、メキシコ、オランダ、英国、米国の9カ国であった。当時、IASCでは、各国の多種多様な会計基準を可能な限り調和して統一化した会計基準を規定することが目的であった。いわゆるIASである。IASCでは、いかに自国の会計基準を採用、もしくは尊重してもらうことを第一に考え議論されていたという[80]。そのため、各国で認められている会計基準を多く採用しようとしたことから代替的会計処理を容認していた。

80年代後半には、証券監督者国際機構（IOSCO: International Organization of Securities Commissions）ならびに、FASB等がIASCの諮問グループとして参加することになった。このような団体の支持が、国際的な資本市場で利用される財務諸表を作成することを目的としてIASの導入に拍車を駆けることとなる。当時、証券取引委員会（SEC: Securities and Exchange Commission）では、IASの導入に消極的であったが、他の団体による積極的な支持があることから無視できなくなった。

90年代になると、さらに積極的な動向が見受けられるようになる。IOSCOの中の第一作業部会では、国際的な証券取引で利用される目論見書および財務諸表等の規制について検討した。そして、1993年6月に、40項目から構成されるコア・スタンダードを決定することになる。コア・スタンダードとは、多国間公募で用いられる財務諸表を作成するために利用される会計基準が備える

---

(78)　勅許会計士（Associate of the Chartered Accountants）とは、英国連邦における会計士資格であり、会計監査、公会計、管理会計等のように特化することで異なる会計士資格が存在する。

(79)　嶌村剛雄編者（1992）『国際会計論』第2版、白桃書房、pp.159-160。

(80)　中央監査法人編（1999）『国際会計基準実務ハンドブック―最新コア・スタンダードを網羅』中央経済社、p.20。

最小限の会計基準グループとしてIOSCOが指定されたものである[81]。この時点で、IASでは取り扱っていなかった金融商品、無形資産、中間財務報告、1株あたりの利益等がコア・スタンダードには含まれていた。そして、1999年12月に、IAS第39号「金融商品—認識及び測定—」の完成によって、コア・スタンダードの最も困難な部分が完成し、残すは最後の基準であるIAS第40号「不動産投資」のみとなった。そして、2000年3月に、サンパウロ会議において、IAS第40号「不動産投資」が承認され、コア・スタンダードは完成することとなった。

また、IASが実際に利用されると必然的に実務上の問題が生じ、それに対する解釈指針の必要性が指摘されるようになった。そこで、IASが形骸化しないために、IASの解釈に関する問題および明確な規定のない問題の取り扱いについて解釈指針を具体化することを目的として、1997年1月に、解釈指針委員会（SIC: Standing Interpretations Committee）を設置した[82]。

一方、米国においてSECが会計基準の設定権限をFASBに委譲している。そのため、FASBが設定したSFASが一般に認められる会計原則（GAAP: Generally Accepted Accounting Principles）とされている。また、世界の経済市場が米国を中心に展開していることも確かである。したがって、証券市場も同様であり、IASとSFASの関係をいかに調整するかという問題も生じてきた[83]。

そこで、2001年4月に、IASCを改組して、IASBが創設された。このIASBが、IASCの基準設定機関を承継することになり、IFRSを規定することとなった。また、国際財務報告基準解釈指針委員会（IFRICI: International Fi-

---

(81)　中央監査法人編（1999）『国際会計基準実務ハンドブック—最新コア・スタンダードを網羅』中央経済社、p.3。

(82)　まず、問題等に対して、SICは解釈指針案を策定し、その後、2カ月間にコメントを求めるために公開する。次に、再びSICにおいて検討・コンセンサスに達したら理事会を通じて承認を得て解釈指針として公表する。

(83)　中央監査法人編（1999）『国際会計基準実務ハンドブック—最新コア・スタンダードを網羅』中央経済社、p.8。

nancial Reporting Interpretations Committee）が、SICを承継することになり、解釈指針を公表することになった。このような動向は、後の会計基準のコンバージェンスへと繋がっていく。

2002年7月に、EUでは、EU域内で公募または上場する公開会社は、原則として、2005年1月1日以降に開始する事業年度より、IFRSを採用すると決定した。これにともなって、2002年9月に、米国コネチカット州ノーウォークで、FASBとIASBの合同会議が開催された。この内容は、国境を越えた高品質で比較可能な会計基準の開発に対する宣言を互いに承認した「ノーウォーク合意」であった(84)。その後、2006年および2008年に、FASBとIASBでは覚書を公表している。2006年には、短期コンバージェンス項目および他の共同プロジェクトに分担し、具体的な優先順位および達成目標を設定したロードマップ案が示された。すなわち、これらは、IFRSの強制適用を前提とした覚書であった。2011年にIFRSを強制適用するか否かを一定基準に照らして判断し、2015年から段階的に強制適用を実施する予定であった。

2007年8月に、東京で、ASBJとIASBの合同会議が開催され、2008年までにIFRSとわが国の会計基準において、主要な会計処理の差異をなくし、2011年までには、その他の会計処理の差異も調整するというものであった。いわゆる「東京合意」である。その後、2009年に、金融庁の企業会計審議会から公表されたロードマップにおいて、2012年にIFRSの強制適用の是非を判断して、最短で2014年に強制適用を予定するとした。

しかし、FASBでは、2011年までにコンバージェンス項目を完了することができず、強制適用を見送ることになった。一方、わが国でも東日本大震災での製造業のサプライ・チェーンが被害を受けているという理由から2014年の強制適用は見送られた。

---

(84)　榊原英夫（2013）「U.S.GAAPとIFRSのコンバージェンスの変遷（1）」『立正経営論集』第46巻第1号。

4-1-2. わが国の農業会計とIAS第41号「農業」

前述したように、会計基準のグローバル化は進展しており、IFRSおよびSFASに対して、わが国の企業会計基準とのコンバージェンスが実現されつつある。まだ不透明な要素はあるが、公開会社に対してIFRSを強制適用することも遠くはない。このように、わが国の企業を取り巻く会計基準は、グローバル化という波とともに大きく変化している。

しかし、わが国の農業会計は企業会計と比較して、グローバル化をいかに捉えるか戸惑いがある。従来、農家自体は、個人経営というよりも家族の維持および家産といった漠然とした目的で家族経営を中心に生計を立てていた(85)。また、国策による手厚い補助金制度によって、営利企業のように利益を最大化にするという目的もなく、農業経営者は徐々に兼業化することとなった。ちなみに、2013年度の農林水産省の統計によると副業的農家の割合は、約54%となっている。ただし、この数値は、集落営農の法人化によって年々減少している(86)。そして、このような農業経営者は、農産物を生産することについては専門家であるが、経営については疎い。そのため、複式簿記による記帳すらできていないという農業経営者が一般的であった(87)。すなわち、「どんぶり勘定」的な思考である。

また、会計原則および会計基準の問題もあり、従来から農業会計原則および農業会計基準の試案が期待されていた(88)。しかし、当初、農業を生業とする株式会社が存在せず、わが国において大規模な農業経営は不可能であった。そのため、資本と経営を分離させるという概念は農業経営には定着し難く、そのため、農業会計原則および農業会計基準の必要性は乏しかったと考えられる。

ただし、時代も経過し農業経営の在り方も変化してきている。担い手不足を解消するために、国家はさまざまな政策を打ち出しており、幾度による農地制

---

(85)　古塚秀夫、高田理（2012）『改訂 現代農業簿記会計』農林統計出版、p.1。

(86)　農林水産省統計部（2013）『農業構造動態調査』農林水産省、平成25年より。

(87)　森本秀樹（2009）『ステップアップ集落営農―法人化とむらの和を両立させる―』農山漁村文化協会、pp.47-49。

(88)　阿部亮耳（1986）「会計公準、会計原則と農業会計」『農業計算学研究』第18号、p.1。

度の改正、農業参入における税制特例、構造改革特区等によって農業に参入しやすい環境が整備されつつある。さらに、大手外食産業等による参入もあり、わが国の農業経営も従来のものからの見直しが必要となってきた。

現在、担い手不足という問題から、集落農営の法人化が進み、全体的な農家戸数も減少してきている。法人化の際に、複式簿記による記帳を試み、会計担当者を設けて会計ソフトを導入したという農業生産法人も少なくない。

そこで、農業生産法人も法人の一つであり企業であることは確かであることから、企業会計原則、企業会計基準、会社法等を遵守しなければならない。しかし、農業活動に対して、企業会計が、そのまま適用されるわけではなく、従来の農業経営で活用されてきた一つの慣行である農業簿記を適用するしかない[89]。現在、数は少ないが公開会社も存在しており、その数は徐々に増加することが予測される。そのようになれば、農業会計基準を創設するか、企業会計基準の中に農業会計を含めて規定することになるであろう。その際、会計基準のグローバル化によるコンバージェンスを考慮すれば、IAS 第41号「農業」は重要な意味を持つことになる。すなわち、IAS 第41号「農業」に準拠させた基準となることが予測されるので、わが国の農業会計に対する適用可能性を検討しなければならない。

4-2.　国際会計基準（IAS）第41号「農業」の概要

4-2-1.　範囲

IAS 第41号では、農業活動による会計処理の基準を規定しているが、伝統的な農業経営だけでなく、バイオ技術セクターで活動するような企業も含まれている。そして、IAS 第41号では、農業活動による生物資産および農産物は、決算日および収穫時に公正価値によって測定される。この公正価値は、生物資産の成長にともなって利益の認識を容認したもので、企業活動による取得原価

(89)　京都大学式農業簿記を基礎とした複式簿記にもとづく会計システムのことである。

とは異なる。

生物資産、農産物および政府補助金が農業活動に関連する場合、IAS第41号を適用しなければならないが、一定の用語の定義について明確にしておかなければならない。そこで、IAS第41号第5項において重要な用語を定義している（図表4-1）。

図表4-1の定義の中で、売却費用という用語があるが、以前は販売時費用（point-of-sale costs）という用語が使用されていた。2008年5月に公表された「IFRSの年次改善」（A new cycle of improvements to IFRS）において、販売時費用という用語が、IFRSの中でIAS第41号でしか使用されていないため、当審議会で用語を統一したのである。売却時費用において運送費のような費用は、生物資産の公正価値の測定から除外している。これは販売に関わる費用であって、生物資産の育成には関係しない費用だからである[(90)]。

図表4-1　IAS第41号「農業」における重要な定義

用　語	定　義
農業活動 (Agricultural activity)	農業活動とは、農産物ならびに追加的生物資産における販売または移行のための生物的変化と生物資産の収穫による企業の管理である。
農産物 (Agricultural produce)	農産物とは、企業の生物資産において収穫された成果物のことである。
生物資産 (A biological assets)	生物資産とは、生きている動物または植物のことである。
生物学的変化 (Biological transformation)	生物学的変化とは、生物資産の質的または量的な変化を生じさせる成長、変性、生産および生殖の過程を含んでいる。
売却費用 (Cost to sell)	売却費用とは、金融費用および税金を控除して資産の処分に直接起因する増分費用のことである。
生物資産体 (A group of biological assets)	生物資産体とは、生きている動物または植物の類似した集合体のことである。
収穫 (Harvest)	収穫とは、生物資産の果実を分離することまたは生物資産の生命活動を停止させることである。

出所：International Accounting Standards Committee（IASC）, 'International Accounting Standards No.41 "Agriculture"' 'IASC', 2001, par5. にもとづいて著者作成。

図表 4-2　生物資産、農産物、製品の事例

生物資産	農産物	収穫後の加工による製品
羊	羊毛	毛糸、カーペット
森林地における樹木	丸太	材木
植物	綿花	綿糸、衣類
	収穫されたさとうきび	砂糖
乳牛	牛乳	チーズ
豚	食肉処理体	ソーセージ、ハム
灌木	葉	茶、煙草
葡萄の木	葡萄	ワイン
果樹	収穫された果実	加工された果実

出所：International Accounting Standards Committee (IASC),
'International Accounting Standards No.41 "Agriculture"' 'IASC', 2001, par4. にもとづいて著者作成。

農業活動とは、家畜の飼育、林業、収穫、果樹の栽培およびプランテーション、草花栽培および養殖漁業等の活動であり、かなり広範囲に及んでいる。農業活動には、変化の能力、変化の管理、変化の測定という三つの特徴が存在する。そこで、農業活動か否かの判断は、生物学的変化の管理という特徴で区分されることになる。生物学的変化が起こるために必要な条件を改善または安定させることで、生物学的変化を管理することが可能となる。この場合、生物学的変化の管理が可能であれば農業活動となる。したがって、遠洋漁業または伐採のような場合、資源の管理を伴わないので農業活動には該当しない。

IAS 第 41 号では、収穫時までの生物資産、農産物および政府補助金の会計処理について規定されており、収穫後は IAS 第 2 号「棚卸資産」等の規定に委ねられることになる[91]。また、それらに収穫後に加工を施せば製品となる。IAS 第 41 号第 4 項では、そのような製品を例示している（図表 4-2）。

チーズ製品またはワインのように、収穫後、発酵または熟成の過程を経て、その結果、製品となるものは、農業活動の論理的かつ自然な延長線上にあるた

(90)　IFRS 財団編、企業会計基準委員会、公益財団法人財務会計基準機構監訳（2012）『国際財務報告基準（IFRS®）2012』中央経済社、B1544。

(91)　農業活動における無形資産も IAS 第 41 号の範囲ではない。

め、一般的な加工処理とは異なる。そのため、発生する事象は生物学的変化に類似していることから、このような発酵または熟成の過程を経るものは、IAS 第 41 号の農産物の範囲に含まれるべきであるという意見もある。しかし、IASB では、それぞれの加工処理を区別することは困難であるということから、それらの製品は、IAS 第 41 号の農産物の範囲に含めないとしている[92]。

4-2-2. 認識

生物資産および農産物を資産として認識し計上する際、IAS 第 41 号では、下記の要件を満たさなければならないとしている[93]。

①企業が過去の事象の結果として資産を管理している。
②将来の経済的便益が企業に影響を与える資産と関係する可能性が高い。
③その資産の公正価値または原価が信頼性をもって測定できる。

上記の要件を満たせば、資産として認識し計上されるが、生物資産に農産物が附帯している場合、農産物を収穫する以前に資産として認識し計上する必要性が生じる。例えば、葡萄の木は生物資産で葡萄は将来の農産物となるが、当然、収穫されていない葡萄の木のほうが評価は高くなるのである。そのため、収穫されるまでは、生物資産と将来の農産物を個別に評価するのではなく、将来の農産物は生物資産の一部を形成するという考え方で、全体として評価する。

4-2-3. 測定

決算日において生物資産および農産物を測定する場合、IAS 第 41 号では、

(92) 有限責任監査法人トーマツ訳（2012b）『国際財務報告基準（IFRS）詳説 iGAAP2012』第 2 巻、レクシスネクス・ジャパン、p.1104。
(93) International Accounting Standards Committee (IASC), 'International Accounting Standards No.41 "Agriculture"' 'IASC', 2001, par10.

売却費用控除後の公正価値で測定することになる。公正価値とは、測定日において市場参加者間の通常の取引で資産を売却して受け取る価額のことである。一方、負債では決済して支払う価額のことになる(94)、(95)。ただし、公正価値の測定にあたって、IFRS 第13号「公正価値測定」に委ねられる。したがって、IFRS 第13号を適用している企業は、生物資産および農産物の公正価値の測定も IFRS 第13号に準拠しなければならない。生物資産および農産物の公正価値を測定する場合、属性によって分類すれば測定が容易になる。例えば、生物資産の年齢または品質等が属性に該当する。したがって、企業は価額を決定する基礎となる属性を適切に分類しなければならない(96)。その際、公正価値の測定にあたって、資金調達および課税に関するキャッシュ・フローと収穫後に生物資産を再度維持させるために必要なキャッシュ・フローは除外される(97)。

一方、IFRS 第13号を適用していない企業は、IAS 第41号を用いて生物資産および農産物を測定することになる。生物資産および農産物の公正価値を測定するにあたって、市場に運搬するための費用が計上されることになる。このような運搬費用等をいかに処理するかという問題が生じるが、これらの費用は公正価値の測定から控除することになっている(98)。

ここで重要になるのが、生物資産および農産物の公正価値を測定するために、相場価額を何処の市場とするかである。企業において一つ以上の活発な市場（active market）が存在する場合、その中で最も適切な市場を選択することになる。ここで、活発な市場とはどのようなものかという問題が生じてくる

---

(94)　広瀬義州（2011）『財務会計』第10版、中央経済社、p.70。
(95)　International Accounting Standards Committee (IASC), 'International Accounting Standards No.41 "Agriculture"' 'IASC', 2001, par8.
(96)　International Accounting Standards Committee (IASC), 'International Accounting Standards No.41 "Agriculture"' 'IASC', 2001, par15.
(97)　International Accounting Standards Committee (IASC), 'International Accounting Standards No.41 "Agriculture"' 'IASC', 2001, par22.
(98)　International Accounting Standards Committee (IASC), 'International Accounting Standards No.41 "Agriculture"' 'IASC', 2001, par9.

が、IAS 第 41 号第 8 項では活発な市場についての定義がなされている。活発な市場とは、下記の三つの要件を満たさなければならない。

①同種の生物資産および農産物を取り扱う市場で取引がなされている。
②通常、買手と売手をいつでも存在している。
③価額が一般に公開され、だれでも利用できる。

上記から分かるように、生物資産および農産物の売買がなされ、その取引価額が一般に公開されていなければならない。その一般に公開された相場価額にもとづいて生物資産および農産物の公正価値を測定することになる。したがって、市場として成立していても取引価額が一般に公開されていなければ活発な市場とはいえない。

一方、活発な市場が存在しない場合、信頼できる市場の価額を基礎にして生物資産および農産物の測定をすることになる。信頼できる市場の価額とは、当該農産物に関する直近の市場の取引価額、類似の生物資産および農産物の市場価額に適切な調整をした価額、分野ごとの基準値による価額等である[99]。

また、生物資産の公正価値を測定する際、信頼できる市場の価額を選択することが困難である場合、その生物資産から将来獲得できると予想される正味キャッシュ・フローの現在価値を公正価値の測定に使用することになる。その際、IAS 第 41 号では、下記の項目に準拠して正味キャッシュ・フローの現在価値を計算することになる[100]。

①現在の市場利子率を用いて割引計算をしなければならない。
②その資産が最も関連のある市場で生成すると予測される正味キャッ

(99) International Accounting Standards Committee (IASC), 'International Accounting Standards No.41 "Agriculture"' 'IASC', 2001, par18.
(100) International Accounting Standards Committee (IASC), 'International Accounting Standards No.41 "Agriculture"' 'IASC', 2001, par20-23.

シュ・フローを使用する。

③仮定の重複および見落としを回避することに留意して、キャッシュ・フローの変動の可能性において割引率等を反映させる。

④資金調達および課税におけるキャッシュ・フローは除外する。

⑤農産物を収穫後、再度、生物資産に定着させるために要するキャッシュ・フローは除外する。

上記の項目は、IAS 第41号において限定されているものであるが、その他のIASおよびIFRSの基準における公正価値の測定の目的と異なるものではなく、これらと首尾一貫している[101]。通常、生物資産の公正価値の測定は信頼性を有しているが、公正価値の測定が信頼性を有しないと推測される場合、取得価額の測定も容認している。この場合、生物資産に関係する市場価額が一般に公表されていないため、その代替となる公正価値の測定が信頼性を有しないという条件を満たさなければならない[102]。その際、IAS 第2号「棚卸資産」、IAS 第16号「有形固定資産」およびIAS 第36号「資産の減損」にもとづいて測定されることになる。そして、その状況が変化するにつれて、公正価値の測定が信頼性を有しているか否かを判断し、信頼性を有していれば公正価値の測定に変更する。

また、農産物を測定する場合、生物資産から収穫された時に、売却費用控除後の公正価値で測定しなければならない。しかし、農産物の公正価値の測定は信頼性を有しているか否かは関係しない。その理由として、収穫物には既に市場が存在していることから、農産物の公正価値の測定には必然的に信頼性を有していると解されている。

(101)　有限責任監査法人トーマツ訳（2012b）『国際財務報告基準（IFRS）詳説 iGAAP 2012』第2巻、レクシスネクス・ジャパン、p.1110。

(102)　International Accounting Standards Committee (IASC), 'International Accounting Standards No.41 "Agriculture"' 'IASC', 2001, par30.

4-2-4. 政府補助金

公正価値を基礎として測定される生物資産において政府から補助金を受け取ることになった場合、それを損益として認識しなければならない(103)。また、附帯条件が附されている補助金は、その条件を満たすことによって、損益として認識される。このような場合、特定の事業に従事しないという条件が附されていることも多い。仮に附帯条件に違反した場合、補助金の全額を返還しなければならない。したがって、補助金を保持していれば、その時間の経過にともなって、損益を認識し計上する必要性が生じてくる。

一方、公正価値ではなく取得原価を基礎として測定される生物資産において政府から補助金を受け取ることになった場合、政府補助金の会計処理等については、IAS 第20号「政府補助金の会計処理及び政府援助の開示」に委ねられることになる。

4-2-5. 表示および開示

IAS 第41号では、財務諸表の作成において、IAS 第1号「財務諸表の表示」に委ねることになる。IAS 第1号では、完全な財務諸表一式（complete set of financial statements）として、下記の財務諸表を作成することを義務付けている(104)。

①財政状態計算書（a statement of financial position）。
②包括利益計算書（a statement of comprehensive income）。
③所有者持分変動計算書（a statement of changes in equity）。
④キャッシュ・フロー計算書（a statement of cash flows）。
⑤重要な会計方針の概要およびその他の説明情報で構成される注記。

---

(103) International Accounting Standards Committee (IASC), 'International Accounting Standards No.41 "Agriculture"' 'IASC', 2001, par34.
(104) International Accounting Standards Committee (IASC), 'International Accounting Standards No.41 "Presentation of Financial Statements"' 'IASC', 1997, par10.

⑥企業が会計方針を遡及適用する場合、または財務諸表項目を遡及して修正再表示を行う場合には、比較対象期間のうち最も早い年度の期首時点の財政状態計算書。

したがって、IAS第41号でも同様に、上記のような完全な財務諸表一式を作成しなければならない。そして、IAS第41号では、財政状態計算書の表示において生物資産の帳簿価額を個別に計上することを要求している。個別に計上された生物資産は、生物資産を同種類の動物または植物等にグループ化して、そのグループ化された生物資産ごとに説明を提供しなければならない。その際、農作物のように収穫されることが前提である消費型の生産物および果樹のように果実生成型の生産物という分類、あるいは成熟および未成熟な生物資産という分類も必要となる。これらのグループ化された生物資産に説明を提供するが、IAS第41号では、文章による説明だけではなく、数値を用いた表現による説明も推奨している(105)、(106)。

会計期間に、生物資産および農産物から生じた利益または損失の認識、あるいは生物資産の公正価値の変動によって生じた利益または損失の認識において、その合計額を開示しなければならない。しかし、生物資産ごと個別に開示することは要求していない。

そして、IAS第41号では、会計期間における期首と期末の生物資産の帳簿価額の変動を調整することを義務付けている。調整事項には下記のものが含まれる(107)。

①売却費用控除後の公正価値の変動により生じた利益または損失。

---

(105)　International Accounting Standards Committee (IASC), 'International Accounting Standards No.41 "Presentation of Financial Statements"' 'IASC', 1997, par41-44.

(106)　各生物資産グループが関連する活動および各生物資産の数量に関する非財務的な測定値または見積りは、財務諸表に開示されなければ、説明を提供しなければならない。

(107)　International Accounting Standards Committee (IASC), 'International Accounting Standards No.41 "Presentation of Financial Statements"' 'IASC', 1997, par50.

②購入による増加。

③売却およびIFRS第5号「売却目的で保有する非流動資産及び非継続事業」に準拠して売却目的保有に分類されたことによる減少。

④収穫による減少。

⑤企業結合による増加。

⑥機能通貨から異なる表示通貨への財務諸表の換算から生じる正味外貨換算差額の変動。

⑦その他の変動。

このように、会計期間に帳簿価額の変動があれば、その調整を義務付けているが、①から分かるように、その基礎となるのが公正価値の測定である。そこで、グループ化された生物資産および農産物の公正価値の測定をいかにして算出したか開示しなければならない。また、会計期間に収穫された農産物は、収穫時において売却費用控除後の公正価値の測定で計上されることになる。その際、制限資産、コミットメントおよびリスク管理方針についても開示する必要性がある(108)。また、その公正価値の測定が信頼性を有しないと判断された場合、生物資産の金額は、取得価額から減価償却累計額および減損損失累計額を控除した帳簿価額で測定されることになる。その際、下記の事項について開示しなければならない(109)。

①当該生物資産の説明。

②公正価値が信頼性を有しない理由の説明。

③公正価値に近似している可能性が高い見積額の範囲。

---

(108)　制限資産、コミットメントおよびリスク管理方針として、所有権が制限されている生物資産について、その存在と帳簿価額および負債の担保として差し入れている生物資産の帳簿価額、生物資産の開発または取得に関するコミットメントの金額、農業活動に関する財務リスク管理方針がある。

(109)　International Accounting Standards Committee (IASC), 'International Accounting Standards No.41 "Presentation of Financial Statements"' 'IASC', 1997, par54.

④減価償却の方法。

⑤耐用年数および償却率。

⑥期首および期末の帳簿価額、減価償却累計額および減損損失累計額。

公正価値の測定が信頼性を有しない場合、帳簿価額によって評価されるが、その証憑として上記の事項を開示しなければならない。帳簿価額から公正価値の測定に移行する場合、影響を受ける生物資産の説明、公正価値が信頼性を有するようになった理由の説明、変更による影響額について提供しなければならない。

4-3. わが国における農業会計と国際会計基準（IAS）第41号「農業」の相違性

既述のように、わが国には、農業会計基準というものは存在しない。したがって、農業活動による会計処理も企業会計の基準に準拠されることになる。具体的には、企業会計原則および企業会計基準等が該当することになる。しかし、企業会計原則は一般に公正妥当と認められたところを要約したものであり、一方、企業会計基準に携わるASBJでは、一般に公正妥当と認められる企業会計基準の調査研究および開発が役割の一つであって、これらは法律ではないため法的拘束性は有されない。あくまでも準拠するものとしている。しかし、これらは必ずしも一致したものではなく、やはり農業活動独自の会計処理というものも存在する。そこで、京都大学式農業簿記を基礎とした、わが国における農業会計とIAS第41号の相違性について述べることにする。

4-3-1. 範囲

従来、わが国の農業活動は、家族経営が中心であったため、複式簿記ですら定着していない状況であった。しかし、近年は農業生産法人による企業的経営の企業形態も多くみられるようになり、青色申告を前提に複式簿記による記帳

図表 4-3　類似した勘定科目

棚卸資産(110)	未販売農産物勘定	未販売農産物勘定とは、期末にまだ販売しないで在庫として保有している農産物のことである。
	未収穫作物勘定	未収穫作物勘定とは、単年性作物で期末に圃場に収穫されず残っている農作物のことである。
	肥育家畜勘定	肥育家畜勘定とは、1年以内の販売を目的として、短期間飼育される牛、豚、鶏等の中小家畜のことである。
有形固定資産	永年性植物勘定	永年性植物勘定とは、一定の樹齢に達して長期にわたって農産物の生産に使用している果樹、茶樹、桑樹等である。
	長期育成植物勘定	長期育成植物勘定とは、自己の経営内で長期にわたって育成中の果樹および特用樹（茶樹、桑樹等）のことである。
	長期使用家畜勘定	長期使用家畜とは、一定の年齢に達して長期にわたって農産物の生産のために飼養している牛、馬、めん羊、豚、鶏等のことである。
	長期育成家畜勘定	長期育成家畜勘定とは、自己の経営内で長期にわたって育成中の牛、馬、めん羊、種豚等のことである。

出所：古塚秀夫、高田理（2012）『改訂 現代農業簿記会計』農林統計出版、pp.61-82にもとづいて著者作成。

も普及しており、わが国における農業会計基準を要請する意見もある。

そのことを踏襲すれば、わが国の農業会計は慣習の一つであって、IAS第41号のように整備されていない。わが国の農業会計では、伝統的な農業経営が前提であって、IAS第41号でいうバイオ技術セクター等のようなバイオテクノロジーと関連した企業の活動は、企業会計に準拠して処理されるため、わが国の農業会計には含まれないと考えられる。また、IAS第41号のように用語の定義はなされておらず、わが国では伝統的な農業経営が前提であるため、社会通念上の解釈で十分とされているようである。

しかし、わが国の農業会計の勘定科目では、農産物、生物資産および生物資

(110)　棚卸資産には、これらの勘定以外に、1年以内に消費される肥料、飼料、資材、農薬等の繰越資材勘定および副次的に発生する副産物勘定がある。

産体と類似するものがある（図表4-3）。

わが国の農業会計では、農業活動独自の特徴から企業会計とは異なる勘定科目が存在し、これらのうちIAS第41号で定義されている農産物、生物資産および生物資産体と類似するものが、図表4-3で示した勘定科目だと考えられる。農業会計基準が存在するわけではないため、これらの勘定科目について規定はなされていないが、それぞれの特徴および性質を踏まえて、より詳細に勘定科目を細分類している。

未収穫作物勘定では、在庫として保有する農産物を細分類して、コメ勘定、ミカン勘定、リンゴ勘定を用いることを容認している。肥育家畜勘定では、家畜の種類が多ければ、より具体的に肥育牛勘定または肥育豚勘定を用いる。永年性植物勘定および長期育成植物勘定では、特用樹を細分類して、ミカン樹（育成ミカン樹）勘定またはリンゴ樹（育成リンゴ樹）勘定を用いる。同様に、長期使用家畜勘定および長期育成家畜勘定では、細分類して、搾乳牛（育成牛）勘定または種牝豚（育成種牝豚）勘定を設ける。

IAS第41号では、収穫時までの生物資産および農産物の会計処理について規定されており、収穫後の農産物の会計処理についての規定はIAS第2号「棚卸資産」等に委ねられている。このように、農産物の収穫を基準にして有形固定資産と棚卸資産を区分している。一方、わが国の農業会計では、生物資産を植物および家畜に分類して、在庫、未収穫、育成期、用役期、使用期、飼養期で勘定科目を区分している。棚卸資産とは、在庫または未収穫としての農産物または1年以内に販売を目的とした家畜が該当する。これらは何時でも販売可能なものと考えられる。そして、有形固定資産とは、育成期または用役期の農産物ならびに使用期または飼養期の家畜が該当する。これらは、まだ販売するには達していないものと考えられる。このように、わが国の農業会計とIAS第41号とでは、棚卸資産として処理する基準が全く異なるのである。

4-3-2. 認識

企業会計基準第9号「棚卸資産の評価に関する会計基準」において棚卸資産

は、商品、製品、半製品、原材料、仕掛品等の資産であり、企業がその営業目的を達成するために所有し、かつ、売却を予定する資産のほか、売却を予定しない資産であっても、販売活動および一般管理活動において短期間に消費される事務用消耗品等も含まれると規定されている。すなわち、営業目的を達成するために所有するということから、販売を前提としていることになる。一方、貸借対照表原則四Bにおいて有形固定資産とは、建物、構築物、機械装置、船舶、車両運搬具、工具器具備品、土地、建設仮勘定等とされており、棚卸資産のように販売を前提にしているわけではない。

このように、わが国の農業会計では、企業会計基準または企業会計原則に準拠することになるが、そのまま適用することは難しい。そのため、既述したように、農業活動独自の会計処理は会計慣行に委ねられる。

本来、認識といえば、測定された経済活動および経済事象を資産、負債、純資産、収益および費用等の財務諸表の構成要素として記載することであり、いつ計上するかということを示している[111]。したがって、資産の場合、棚卸資産または有形固定資産と認識され、図表4-3の勘定科目に分類されれば、その測定された金額で財務諸表に計上されることになる。

前述したように、生物資産および農産物を資産として認識し計上する際、IAS第41号では、三つの要件を満たさなければならないが、これらについては、わが国の農業活動の会計処理の会計慣行とさほど異ならない。

4-3-3. 評価

図表4-3で示したように、わが国の農業会計では、棚卸資産と有形固定資産とに分類し、さらに、棚卸資産は、未販売農産物勘定、未収穫作物勘定、肥育家畜勘定に区分され、有形固定資産は、永年性植物勘定、長期育成植物勘定、長期使用家畜勘定、長期育成家畜勘定に区分される。これらを測定および評価するにあたって、それぞれの勘定科目によって異なることになる。棚卸資産お

---

(111)　広瀬義州（2008）『財務会計』第8版、中央経済社、p.19。

図表 4-4　棚卸資産および有形固定資産の評価

棚卸資産[112]	未販売農産物勘定	未販売農産物勘定の評価は、原則として原価主義である。
	未収穫作物勘定	未収穫作物勘定の評価は、原則として原価主義である。
	肥育家畜勘定	肥育家畜勘定の評価は、原則として原価主義である。
有形固定資産	永年性植物勘定	永年性植物勘定の評価は、育成期は長期育成植物勘定で処理し、用役期に入れば永年性植物勘定で処理する。また、減価償却も要する。
	長期育成植物勘定	長期育成植物勘定の評価は、毎年決算時に要した育成原価（種子、苗木費、肥料費、農薬費、労務費等）を振り替えて累積する。
	長期使用家畜勘定	長期使用家畜勘定の評価は、育成期は長期育成家畜勘定で処理し、用役期に入れば長期使用家畜勘定で処理する。また、減価償却も要する。
	長期育成家畜勘定	長期育成家畜勘定の評価は、毎年決算時に要した育成原価（素畜費、飼料費、労務費等）を振り替えて累積する。

出所：古塚秀夫、高田理（2012）『改訂 現代農業簿記会計』農林統計出版、pp.61-82 にもとづいて著者作成。

よび有形固定資産のそれぞれの勘定科目の評価を図表 4-4 に示す。

棚卸資産の評価は、原則として原価主義である。しかし、これは収益の認識基準に実現主義を適用した場合である。もし、簡便的な会計処理を選択するならば、収穫基準を適用することになる。認識基準に収穫基準を適用した場合、収穫時に時価（庭先価格）で評価して、これらを収益に計上する。したがって、棚卸資産は計上しないことになる[113]。

そして、有形固定資産の評価も原則として原価主義である。原価主義では取得価額を基礎とするわけだが、取得価額を計上することが困難な場合、市場価格にもとづいて時価で評価することになる。その際、この時価として、売却時価または再調達原価が用いられる。売却時価とは、現時点で売却可能な価額の

---

(112)　棚卸資産には、これらの勘定以外に、1 年以内に消費される肥料、飼料、資材、農薬等の繰越資材勘定および副次的に発生する副産物勘定がある。

(113)　古塚秀夫、高田理（2012）『改訂 現代農業簿記会計』農林統計出版、pp.49-52。

ことである。そして、再調達原価とは、現在保有している資産と同一サービスを提供できる新しい資産を改めて購入すると仮定した価額である[114]。

一方、IAS第41号において、生物資産および農産物の評価は、売却費用控除後の公正価値で評価することになる。公正価値については、IAS第13号に委ねられるが、わが国の農業会計は資産の評価を原則として原価主義としていることから、IAS第41号の資産の評価と乖離していることが分かる。

4-3-4. 表示および開示

従来、わが国の農業活動は、家族経営が中心であったことから、他の事業者と比較して青色申告者は少数であった。そのため、ほとんどの農家は白色申告者であり、帳簿に記帳するという慣習はなく、当然、財務諸表を作成するということもなかった。そのため、クロヨン説（9・6・4説）またはトーゴーサンピン説（10・5・3・1説）等とよばれ、農家の課税所得の捕捉率は極めて低く、租税上、課税の公平性という点から指摘されていた[115]。

図表4-5　財務諸表の種類

会社法435条	金融商品取引法（財務諸表等規則）	企業会計基準第22号
①貸借対照表	①貸借対照表	①連結貸借対照表
②損益計算書	②損益計算書	②連結損益および包括利益計算書または連結損益計算書および連結包括利益計算書
③株主資本等変動計算書	③株主資本等変動計算書	③連結株主資本等変動計算書
④個別注記表	④キャッシュ・フロー計算書	④連結キャッシュ・フロー計算書
⑤事業報告	⑤付属明細表	⑤連結財務諸表の注記事項
⑥付属明細書	—	—

出所：著者作成。

(114)　古塚秀夫、高田理（2012）『改訂 現代農業簿記会計』農林統計出版、pp.83-85。
(115)　農家の課税所得の捕捉率は、4割または3割しかないといわれており、この数値からかなり低いことが理解できる。

しかし、農業生産法人の増加によって、わが国の農業会計における表示および開示も信用性の側面から、企業会計により近い財務諸表の作成を要請されることが予測される。したがって、わが国の農業会計では、企業会計原則または企業会計基準等に準拠すべきだが、農業生産法人は公開会社でないということが前提のため、単体財務諸表の作成を中心とすべきである。そのことを踏襲すれば、会社法による計算書類等の作成にも順守しなければならない。図表4-5は、それぞれの法規または基準による財務諸表の種類を示したものである。

財務諸表等規則および企業会計基準は、公開会社を対象としており、連結財務諸表の作成を前提としている。一方、会社法では、株式会社および持分会社を対象としており、ほとんどの会社が該当するわけだが、単体財務諸表の作成を前提としている。図表4-5から分かるように、会社法ではキャッシュ・フロー計算書の作成は義務付けていない。これは商法の債権者保護という立場から静態論的思考によるものである。しかし、企業会計基準第22号「連結財務諸表に関する会計基準」および金融商品取引法における「財務諸表等の用語、様式及び作成方法に関する規則」では、キャッシュ・フロー計算書の作成を義務付けている。

財務諸表の作成においてIAS第41号では、IAS第1号に委ねることになる。IAS第1号における財務諸表の種類と比較すれば、第一に、貸借対照表が財政状態計算書になる。これは基本的には名称の変更であるが、構成的に営業、投資、財務資産および財務負債に区分され、さらに短期または長期に分類される。第二に、損益計算書ではなく、包括利益計算書の作成を義務付けている。これは単に名称の変更ではなく、包括利益の概念が採り入れられた。第三に、株主資本等計算書は、基本的に所有者持分変動計算書の構成と同様である。第四に、IAS第1号では、キャッシュ・フロー計算書の作成を義務付けている。最後に、注記については、わが国の法規または会計基準およびIAS第1号でも当然義務付けている。しかし、IAS第1号では、実務的に可能な限り体系的に記載することを要請しており、注記内容が詳細でより充実している。

そして、IAS第41号では、会計期間における期首と期末の生物資産の帳簿価額の変動を調整することを義務付けており、その調整事項を表示しなければならない。また、IAS 第 41 号では、生物資産および農産物の公正価値が信頼性を有しないと判断された場合、帳簿価額にもとづいて測定されることになる。この場合、公正価値が信頼性を有しない理由の説明等を開示しなければならない。しかし、わが国の農業会計では原価主義を採用しており、農業会計基準というものも存在しないため、IAS 第 41 号で義務付けている事項等は要請されない。ただし、注記等について記載する必要性は生じる可能性はある。

第5章　農業経営者の実態と会計的意識の分析

農業生産法人の農業経営者には、従来の生産物を生産するプロフェッショナルとしての農業経営者が存在する一方で、農業をビジネスとして捉える新規に参入した若手の農業経営者も存在していると考えられる(116)、(117)。農業経営者の年齢層により農業経営に対する捉え方も異なり、若手の農業経営者の中には大学等の高等教育機関で学習した経験をもつ者も少なくない。以上のように農業経営者の経営における概念が若手の参入などにより変化してきている。農業ビジネスに対しての経営者の年齢や会計意識の違いなどを読者の方に理解して頂くために、農業経営者の財務に対する考え方を中心に、全国の農業生産法人の農業経営者を対象とした経営に関するアンケート調査を実施した。

本章では、年齢層および会計的知識の有無によって、農業経営者を六つに類型化した（図表5-1）。そして、アンケート調査の結果にもとづいて、農業経営者の特徴、会計に対する考え方、会計的知識の有無と経営との関係、およびその方向性について、類型化した数値から分析を試みた。

5-1. 状況調査の対象の概要および農業経営者の特徴について

5-1-1. 状況調査の対象の概要(118)

2015年1月から4月にかけて、全国の農業生産法人を対象に、「農業生産法

---

(116)　プロフェッショナルとは、職業上で生計を立てていることである。したがって、農業経営でいえば、生産物の生産、加工、販売とすべての過程を含めたものになるが、ここでは、農業活動において、生産物の生産に特化した専門家のことをいう。

(117)　ビジネスとは、営利および非営利を問わず、その事業目的を実現するための活動の総体であるが、ここでは、営利を追求した事業目的を実現することをいう。

(118)　アンケート調査票の回収率を高めるために、慎重な内容となったため、単純集計が中心となっている。

人における財務マネジメント認識に関するアンケート調査」を郵送して状況調査を実施した。公益社団法人日本農業法人協会の会員名簿からホームページで連絡先を確認し、その中から、事前に全国500法人に電話連絡をして、アンケート調査票を郵送可能な法人のみに送付した。

アンケート調査票の配布数は219法人であり、集計の結果、有効回答数は106法人、有効回答率は48.4%となり高い数値を示した。今回のアンケート調査票に回答頂けるか否かも、農業経営に対しての意識の違いの表れではないかと考える。

アンケート調査にご協力頂いた農業生産法人の代表者は、男性が99人で、女性が6人である。代表者の平均年齢は56.9歳である。ちなみに全国の一般企業の代表取締役の平均年齢は60.26歳(119)、(120)であることから、今回のアンケート調査対象は比較的若い代表者を対象となった。

調査の結果、企業形態は、株式会社が21法人、有限会社が71法人、農事組合法人が17法人であった。平成（1989年）になってから法人化した農業生産法人が62法人あり、比較的新規に設立された法人が多い。資本金は平均で1,928万円であり、また3,000万円を超える農業生産法人も27法人あり、二極化していると考えられる。出資戸数は平均で4.3戸であり、あまり違いはみられない。また、役員数も平均3.4人であり、こちらも同様である。

生産物に関しては、稲40法人、麦・芋・豆23法人、野菜38法人、果樹15法人、卉花17法人、酪農4法人、肉用牛6法人、養豚8法人、養鶏6法人、ブロイラー1法人となっている。

5-1-2. 農業経営者の会計的知識と経営的知識の有無の関係

前述のように、アンケート調査対象の農業生産法人の農業経営者を六つに類

---

(119)　東京商工リサーチによると2014年の社長の平均年齢は60.26歳という調査結果である。

(120)　東京商工リサーチ「2014年全国社長の年齢調査　社長の5人に1人が70代以上」2015年 http://www.tsr-net.co.jp/news/analysis/20141002_01.html（最終検索日：2015年8月5日）

図表 5-1　農業生産法人の経営者の類型化

	Ⅰ型	Ⅱ型	Ⅲ型	Ⅳ型	Ⅴ型	Ⅵ型
年齢	45歳未満	45歳未満	45歳以上 65歳未満	45歳以上 65歳未満	65歳以上	65歳以上
会計的知識の有無	会計的知識有り	会計的知識無し	会計的知識有り	会計的知識無し	会計的知識有り	会計的知識無し
法人数	5（4.7%）	8（7.6%）	15（14.2%）	54（51.4%）	7（6.6%）	16（15.2%）

出所：著者作成。

型化することにした。まず、年齢を45歳および65歳を基準にして区分した。若年層の基準は、農林水産省の青年就農給付金の給付者条件が45歳未満であるので、45歳を若年層の基準とした。また、高齢層の基準に関しては、担い手不足について論じる場合、行政統計では65歳以上となっており、この年齢を高齢層の基準とした。

次に、農業経営者の会計的知識の有無について、当初は簿記および会計資格を用いて区分することを試みたが、106人中12人だけであったので、財務に関する科目の学習経験という範疇で区分し直した(121)。2科目以上の学習経験がある経営者を会計的知識有りというように区分している。これは1科目であれば、その能力の有無に疑問が生じるし、3科目であれば、極端に人数が減り類型化が困難になるためである（図表5-1）。筆者の予測通り、中堅層のⅣ型が最も多く54法人となっており、51.4%を占めている。若年層のⅠ型およびⅡ型については会計的知識を有しないⅡ型が若干多くなっている。一方、高齢層であるⅤ型は、筆者が予測していたよりも多い。おそらく必要に応じて財務に関する科目を学習したと考えられる。しかし、会計的知識を有するⅠ型、Ⅲ型およびⅤ型は27法人であり、全体106法人の25.4%しか占めておらず、農業生産法人の農業経営者は、会計に対する関心が薄いようである。また、農業経営者の会計的知識の有無と経営的知識が、どのように関係しているのか図表

(121)　簿記検定資格取得者は、日商簿記1級取得者は2人、日商簿記2級取得者は2人、日商簿記3級取得者は7人、全商簿記2級取得者は1人であった。

図表5-2　会計的知識および経営的知識との関係（複数回答）

	Ⅰ型	Ⅱ型	Ⅲ型	Ⅳ型	Ⅴ型	Ⅵ型
法人数	5	8	15	54	7	16
財務に関する科目（簿記、経営分析、原価計算、会計学等）	21	2	42	16	22	9
1法人あたりの科目数	4.20	0.25	2.80	0.29	3.14	0.56
社会科学に関する科目（経営学、経済学、経営戦略、商法等）	18	5	46	49	15	10
一法人あたりの科目数	3.60	0.62	3.06	0.90	2.14	0.62

出所：著者作成。

5-2に示した。

まず、財務に関する科目（簿記、経営分析、原価計算、会計学等）については、会計的知識を有するⅠ型、Ⅲ型およびⅤ型と会計的知識を有しないⅡ型、Ⅳ型およびⅥ型では明確な違いが見受けられる。特に1法人あたりの科目数から分かるように、会計的知識を有しないⅡ型、Ⅳ型およびⅥ型では、1法人あたり1.00を大きく割っている。Ⅰ型が最も1法人あたりの科目数が高くなるのは予測されたが、高齢層の経営者であるⅤ型が比較的高かったことは予想外であった。前述したように、大学等の高等教育機関で学習したのではなく、農業生産法人の代表になったことで、会計的知識の必要性を感じて学習したことを示していると思われる。

次に、社会科学に関する科目（経営学、経済学、経営戦略、商法等）については、予測通り財務に関する科目と連鎖していることが分かる。やはり会計的知識を有している経営者は、経営的知識も有している。ただし、財務に関する科目の結果のようには、Ⅴ型は顕著な数値を示していない。このことは、農業生産法人の代表者になった際、高齢層の経営者は財務に関する科目を優先的に学習したことを意味している。また、当然のことながら、若年層のⅠ型は、1法人あたりの科目数から会計的知識ならびに経営的知識も豊富であるということが分かる。

5-1-3. 農業経営者の熟練度

農業経営者の熟練度に関しては、現在の農業経営者が代表者に推薦されて何年目なのか、そしてどのくらいの期間農業に従事していたのかを分析した結果、Ⅴ型の平均が25.5年で、Ⅵ型の平均が20.6年であり、ほとんどが15年以上のキャリアの持ち主であった。当然、若年層よりも高齢層のほうが年数は長くなると予測される。これらのⅤ型およびⅥ型の経営者は、長年代表として農業生産法人から経営を任されているので、熟練した農業経営者とよべる。しかし、この数値が財務状況に対して、どのように影響を及ぼしているのかに関しては後述する（5-3、5-4参照）。

Ⅲ型およびⅣ型については、代表に選ばれて14年以下の農業経営者もかなりおり、世代交代によることを意味していると思われる。また、会計的知識を有しないⅣ型に限っては二極化しており（14年目以下24人、15年目以上31人）、長年代表として経営を任されている経営者と世代交代による農業経営者がいると考えられる。一方、会計的知識を有しているⅢ型は、代表に選ばれて14年以下の農業経営者が多い（10人、ちなみに15年目以上5人）。世代交代により代表として選ばれたと考えられる。

年齢が高くなれば、農業従事年数も長くなることは当然であり、Ⅲ型およびⅤ型は、ともに会計的知識を有しているが、有しないⅣ型およびⅥ型よりも平均農業従事年数が長くなっている。Ⅳ型およびⅥ型は、集計によるばらつきがあり、新規の参入があったことが予測される。一方、Ⅲ型およびⅤ型は、集計によるばらつきがなく、会計的知識を有する経営者は、若年層であれば新規の参入への挑戦を試みるが、45歳以上では新規の参入に対して慎重になるということではないだろうか。さらに、Ⅳ型およびⅥ型の平均農業従事年数が若干短くなっていることには廃業と関係があるように考えられる。

5-2. 農業生産法人の農業経営者の会計に対する考え方について

5-2-1. 農業生産法人の経理状況

農業生産法人の農業経営者は、会計および経理に対して関心が希薄ではないかという予測から、本研究は始まっている。そこで、農業生産法人の経理状況について分析してみた。その結果、複数回答ではあるが、経理担当者がいる法人が38法人であり、税理士や公認会計士等に外部委託している法人が34法人であった。Ⅴ型に関しては1法人のみが外部に委託していた。また、経営者自身という法人も20法人あるが、会計的知識を有しているⅠ型、Ⅲ型およびⅤ型の経営者は、経営者自身で経理処理をすることは、あまり考えていないようである（アンケートの結果4法人のみであった）。筆者は、日常取引の経理事務の処理への関与と、法人経営としての財務上の意志決定に財務諸表を活用することは、経理上の対応が異なり、日常の経理事務に関しては、経理担当者による経理処理、もしくは外部への委託処理に頼っていると考える。

そして、「農業生産法人で作成している財務諸表の種類」であるが、図表5-3に示した通りである。ほとんどの農業生産法人が貸借対照表および損益計算書は作成している。しかし、キャッシュ・フロー計算書および株主資本等変動計算書に関しては、作成している法人は半分以下である。筆者は、意思決定の側面から、これらの財務諸表は重要であると考えているが、会計的知識を有

図表 5-3　農業生産法人で作成している財務諸表の種類（複数回答）

	Ⅰ型	Ⅱ型	Ⅲ型	Ⅳ型	Ⅴ型	Ⅵ型	合計
貸借対照表	5	7	15	50	7	16	100
損益計算書	5	7	14	51	7	16	100
キャッシュ・フロー計算書	1		5	21	6	8	41
株主資本等変動計算書	2	3	5	19	2	4	35
その他			1				1

出所：著者作成。

するⅠ型、Ⅲ型およびⅤ型において、キャッシュ・フロー計算書等を作成しているとは限らず、法人の規模や依頼している税理士等、また各生産法人の財務諸表に関する重要度により、作成している財務諸表が異なると思われる。

また、「財務諸表の数字への関心」に対しては、ほぼ全部の農業生産法人が「気になる」、または「常に気になる」と回答している。しかし、会計的知識を有しないⅣ型およびⅥ型の4法人が「気にならない」と回答しているが、生産物の生産に対してのプロフェッショナルとしての気質（プロ意識）を意味しているのかもしれない。良い生産物を生産していれば、市場での需要が必然的に増加するので、財務諸表の数字等は気にしなくてもよい、という考えの表れであるのかも知れない。

5-2-2. 農業経営者の会計への関心

つぎに農業生産法人の農業経営者が財務マネジメントについて、どのように考えているのかを分析する。前述のように、ほとんどの農業経営者は、財務諸表の数字が気になると回答しているが、農業経営者がどのように、その数字を活用しようとしているのであろうか。図表5-4は、財務上の数字への関心を示した法人数である。

まず、全体的に経営者は、売上高、生産原価、経常利益、営業利益、売上原価、現金預金という順に関心があるという結果となった。資金繰りを示す現金預金を除いて、農業生産法人の経営成績を示すものが上位を占めていることが分かる。ただし、純利益については関心が低いようである。また、費用では労務費については59法人と高い数値を出しており、経営者にとって常に検討しないといけない財務上の数字であろう。一方、在庫に対して関心を示すかとの設問には、未販売農産物、未収穫作物、肥育家畜、繰越資材、棚卸資産を項目に上げたのに対し、棚卸資産に関心を示したのは36法人あったが、それ以外に関しては、どれも低い数値であった。本来、会計上の処理として収穫基準を採用しているとしても、在庫に対しても着目しなければならない。在庫管理に対しては、関心が薄いのかもしれない。

そして、それぞれの年齢層で見てみると、Ⅱ型よりもⅠ型、Ⅳ型よりもⅢ型、Ⅵ型よりもⅤ型の農業経営者のほうが、１法人あたりの項目数が多い。おそらく、会計的知識を有している農業経営者のほうが財務上の数字に関心が高いと思われる。また、在庫に対しても、Ⅲ型およびⅤ型の農業経営者の関心を有する割合は多い。しかしながら、全体としてⅠ型およびⅡ型は、項目数が少なく、Ⅴ型の農業経営者が最も多い。代表に選ばれた年数に比例して、経営者自身が会計への必要性を感じ、財務上の数字に対し関心が高くなったと思われる。

財務上の数字に対して関心を示した法人数を図表5-5に表した。自己資本比

図表 5-4　財務上の数字への関心（複数回答）

	Ⅰ型	Ⅱ型	Ⅲ型	Ⅳ型	Ⅴ型	Ⅵ型	合計
関心がない							0
売上高	4	5	15	47	6	18	95
売上原価	4	3	10	33	6	10	66
売上総利益	2	4	8	28	6	9	57
営業利益	3	2	9	37	4	12	69
経常利益	3	7	11	32	6	11	70
税引前純利益	1	3	4	14	2	5	29
税引後純利益	2	1	3	24	3	7	40
現金預金	3	4	9	37	5	6	64
生産原価	3	4	15	39	7	14	82
流通経費		2	7	21	3	3	36
固定資産		1	4	15	2	4	26
労務費	2	5	10	31	4	7	59
未販売農産物			2	1	1	2	6
未収穫作物				3	1	1	5
肥育家畜			1	3	1		5
繰越資材	1		1	3	2	2	9
棚卸資産	2	1	8	15	5	5	36
農業費用			4	11	4	4	23
一法人あたりの項目数	6.00	5.25	8.06	7.29	9.71	7.50	

出所：著者作成。

率45法人、売上高経常利益率35法人、売上高営業利益率32法人、売上高総利益率31法人という順に農業経営者は関心をもっている。収益性分析に関心があり、既述した財務上の数字で売上高が最も高かったことと関連する。また、労働生産性にも関心は高く、従業員一人あたりの売上高および従業員一人あたりの粗利益は、高い数値を示している。しかし、すべての農業経営者が共通して関心をもっている財務分析という項目は、見受けられなかった。

そして、1法人あたりの項目数を見てみると、Ⅴ型の農業経営者が8.00と最も高く、次いでⅢ型の経営者で6.53となっている。Ⅲ型およびⅤ型の農業経営者は、会計的知識を有している率が高い。一方、Ⅰ型の農業経営者は4.20となっており、会計的知識を有している割には、財務分析に対して関心が薄い。また、会計的知識を有しないⅡ型およびⅣ型、Ⅵ型の農業経営者は、5.00以下の項目数となっており、年齢や経験だけでは分析できないことが分かる。

結果として代表者に選ばれた年数に比例して、会計的知識を有している農業経営者は、財務上の数字に関心をもち、その数字を活用して財務分析を試みる経営者が多いと考える。

5-3. 農業生産法人の農業経営者の会計的知識の有無と経営の関係について

5-3-1. 農業経営者の会計的知識の有無と経営状況

既述のとおり農業生産法人の経営者が、会計的知識を有するか否かで、財務に対する見方が大きく異なることが分かった。会計的知識を有する農業経営者は、財務に対しても積極的に関与している。代表者に選ばれた年数に比例して、その関与は強くなり、Ⅲ型およびⅤ型は、特に強いようである。そこで、農業経営者が、会計的知識を有していれば、どのように法人の規模および経営状況に影響を及ぼすのかを分析した。

図表5-6は、資本金の金額を示したものであるが、全体的に数値が分散している。ただ、資本金の金額が3,000万円以上の農業生産法人も27法人あり、

図表 5-5　財務分析への関心（複数回答）

	Ⅰ型	Ⅱ型	Ⅲ型	Ⅳ型	Ⅴ型	Ⅵ型	合計
関心がない		1		2		1	4
内容が分からない				3			3
内容は分からないが関心はある	1		1	5		1	8
流動比率	1	1	4	9	2	4	21
当座比率	1		1	7	1	2	12
自己資本比率	3	2	10	20	3	7	45
負債比率			4	13	3	5	25
固定比率		2	3	9	2	4	20
総資本経常利益率		2	4	8	3	4	21
総資本営業利益率		1	2	6	1	2	12
総資本回転率	1	1	1	4	3	3	13
売上高総利益率	1	1	5	16	4	4	31
売上高営業利益率	1	1	5	18	3	4	32
売上高経常利益率		2	6	22	3	2	35
売上高販管費率		1	2	7	1	3	14
総資本投資効率		1		2	1	1	5
設備投資効率		2	3	7	2	2	16
労働分配率		2	4	8	2	4	20
労働装備率		1	1	2		1	5
付加価値率			2	4	2	1	9
労働生産率	1	1	4	11	4	4	25
従業員1人あたりの売上高	3	3	4	10	1	3	24
従業員1人あたりの粗利益	1	2	3	12	4	4	26
10aあたりの収穫量	2	2	7	12	3	3	29
10aあたりの従業員労務費	1	1	5	6		2	15
10aあたりの売上高	2	1	7	12	2	2	26
売上高前年比増加率	1	4	5	14	3	4	31
総資産前年比増加率	1		1	3	1		6
経常利益前年比増加率	1	4	5	12	2	4	28
一法人あたりの項目数	4.20	4.75	6.53	4.70	8.00	4.93	

出所：著者作成。

図表 5-6　農業生産法人の資本金の金額

	Ⅰ型	Ⅱ型	Ⅲ型	Ⅳ型	Ⅴ型	Ⅵ型	合計
～ 300 万円未満		1	1	1	1	1	5
300 ～ 500 万円未満	2	1	2	17	1		23
500 ～ 1,000 万円未満		3	4	14	1	5	27
1,000 ～ 2,000 万円未満	1	3	1	16		5	26
2,000 ～ 3,000 万円未満	1		1	6			8
3,000 万円～	1		5	12	4	5	27
平均（万円）	1,780	687	2,979	1,738	2,975	1,848	1,928

出所：著者作成。

図表 5-7　農業生産法人の従業員数

	Ⅰ型	Ⅱ型	Ⅲ型	Ⅳ型	Ⅴ型	Ⅵ型	合計
4 人以下	1	3	6	14	1	4	29
5 ～ 10 人以下	3	4	4	15	2	6	34
11 ～ 15 人以下			2	13	3	3	21
16 ～ 20 人以下				2			2
21 ～ 25 人以下			1	4	1	2	8
26 ～ 30 人以下				3			3
31 ～ 40 人以下		1	1	1			3
41 ～ 50 人以下			1	1			2
51 人以上	1			1			2

注：臨時従業員（アルバイトおよびパート等）および役員は含まない。
出所：著者作成。

そのうちⅢ型、Ⅴ型の割合が高い。また、資本金の金額の平均だが、Ⅲ型、Ⅴ型の農業生産法人が高いことが分かる。これは、会計的知識を有する経営者によって、農業生産法人の規模を拡大してきた結果だろうか。そこで、農業生産法人の規模を比較する基準として従業員数も考えられる。

図表 5-7 は、従業員数を示したものであるが、従業員数 4 人以下の農業生産法人が 29 法人であり、全体の約 28%を占めている。そして、従業員数 15 人以下の農業生産法人は 84 法人であり約 80%を占めている。以上のことから、従業員数 15 人を超える農業生産法人は、大規模な部類に含まれると考慮すべ

きである。また、従業員数51人以上の2法人は特異なケースである。規模という点では一般企業と大きく乖離している。

また会計的知識を有するか否かにおいて、農業生産法人の規模への影響に関しては、従業員4人以下の法人においては会計的知識を有するⅠ型、Ⅲ型、Ⅴ型の法人数は少ないが、それが明らかな違いではない。しかし年齢による違いに関しては、経営者が65歳以上であるⅤ型、Ⅵ型では従業員25人を超える農業生産法人は皆無である。大規模化を目指すか否かの基準が、会計的知識以外に、経営者の年齢も考慮すべき要因と言えるかもしれない。

そして、農業生産法人の規模を比較する基準として、その成果としての売上高を図表5-8に示す。売上高1億円を超える農業生産法人が67法人あり、約64%を占めている。一見、この売上高は高そうに見受けられるが、生産コストおよび人件費等を考慮すれば、決して高いとは言えない。このことについては後述する（5-3-2参照）。なお、図表5-6と比較すると、資本金の金額が高ければ、売上高の金額も高くなる。また、売上高1億円を超える農業生産法人では、Ⅰ型、Ⅲ型およびⅤ型が占める割合が高い。やはり会計的知識を有する農業経営者は、経営に対しても積極的であり、その結果が売上高に反映されてい

図表5-8　農業生産法人の売上高

	Ⅰ型	Ⅱ型	Ⅲ型	Ⅳ型	Ⅴ型	Ⅵ型	合計
500万円未満							
～750万円未満							
～1,000万円未満				1			1
～1,500万円未満							
～2,000万円未満				1			1
～3,000万円未満		1				2	3
～5,000万円未満		2	1	4		1	8
～1億円未満		1	4	15	2	2	24
～2億円未満	2	3	5	13	2	6	31
～3億円未満	2		1	3	1	2	9
3億円以上	1	1	4	16	2	3	27

出所：著者作成。

ると考えられる。ちなみに、売上高3,000万円未満の農業生産法人は、会計的知識を有しないⅡ型、Ⅳ型およびⅥ型である。

5-3-2. 農業経営者の会計的知識の有無と経営への積極性

ここでは、会計的知識を有する農業経営者が、どのように経営に対して考えており、それが将来の経営にいかに反映されていくのかを分析する。会計的知識を有していれば、その知識を必然的に経営に活用しようとする。一方、会計的知識を有しなければ、会計に関心をもたず、農業経営者の経験のみによって経営を行うことになる。

まず、図表5-9は、農業生産法人の経営者が経営状況をどのように捉えているかを示したものである。34法人が、「かなり厳しい」、「厳しい」と回答している。最も多い回答が、「どうにかやっていける」が41法人である。この回答は、経営者の範疇で「安定している」という部分をどのように捉えるかで変わってくると考えられる。また、25法人の農業経営者が、「安定している」と回答しているが、割合で考えれば、Ⅲ型、Ⅵ型が多く占めている。結果として会計的知識の有無と経営状況の捉え方に関して関連はないと考えられる。

そして、図表5-10に経営状況の判断材料として、平成25年度の当期純利益について前年度との比較（経営者判断）を表した。21法人が、「マイナス」と回答しており、おそらく、経営的に不安定なのかもしれない。一方、56法人が、「プラス」と回答しており、図表5-9で「安定している」と回答した25法人よりも大きく上回る結果となった。上述したように、経営者の範疇で「安定

図表5-9　農業生産法人の経営状況

	Ⅰ型	Ⅱ型	Ⅲ型	Ⅳ型	Ⅴ型	Ⅵ型	合計
かなり厳しい	1	1		5	1		8
厳しい		2	5	12	2	5	26
どうにかやっていける	2	5	3	23	2	6	41
安定している	2		4	13	1	5	25

出所：著者作成。

図表5-10　平成25（2013）年度の農業生産法人の当期純利益

	Ⅰ型	Ⅱ型	Ⅲ型	Ⅳ型	Ⅴ型	Ⅵ型	合計
マイナス（赤字）	1	2	2	10	2	4	21
比較的0に近い		3	6	14		3	26
プラス（黒字）	2	3	7	30	5	9	56

出所：著者作成。

している」という部分をどのように捉えるかによって、数値が変化することを意味している。そして、「プラス」と回答している割合で考えれば、Ⅰ型、Ⅴ型が多く占めているようである。しかし、Ⅲ型の割合は50％を割っており、決して高いとはいえない。一方、Ⅳ型、Ⅵ型の割合は50％以上である。

このことから、会計的知識を有する農業経営者が、必ずしも利益という結果に結びつける可能性が高いわけではない。既述したように、年齢が高い農業経営者（Ⅳ、Ⅴ、Ⅵ型）は、代表に選ばれた年数も長く、熟練した経営者である場合が多く、長年の農業生産法人を経営するにあたり、経営を安定させる術を身に付けたと考えられる。一方、図表5-9で、「かなり厳しい」と回答した法人は、目標は設定していないことが多く、会計的知識を有しない農業経営者は、経営に消極的であり、その結果が表れているといえる。

5-4. 農業生産法人の農業経営者の会計的知識の有無と経営の方向性

5-4-1. 農業経営者の会計的知識の有無と経営の予測

既述のとおり会計的知識を有する農業経営者（Ⅰ、Ⅲ、Ⅴ型）が、必ずしも高い利益を生み出すという結果に結びつけているわけではない。しかし代表に選ばれてからの経験年数が長く、熟練した農業経営者（Ⅲ、Ⅴ型）は、特に会計的知識に対し積極的であり、すべてにおいて良好な結果が出ている。

本節では、農業経営者の会計的知識の有無と経営の予測について分析してみた。売上高の昨年度との比較（図表5-11）、および5年後の将来的な売上高の予測（図表5-12）を分析対象とした。

図表 5-11　売上高の昨年度との比較

	Ⅰ型	Ⅱ型	Ⅲ型	Ⅳ型	Ⅴ型	Ⅵ型	合計
かなり減少した（25%以上の減少）			1	1			2
減少した（5～25%の減少）	2		2	10	2	2	18
横ばい	2	6	3	20	2	7	40
増加した（5～25%の増加）	1	2	8	22	2	6	41
かなり増加した（25%以上の増加）					1	1	2

出所：著者作成。

図表 5-12　将来的な売上高の予測（5 年後）

	Ⅰ型	Ⅱ型	Ⅲ型	Ⅳ型	Ⅴ型	Ⅵ型	合計
かなり減少する（25%以上の減少）				2			2
減少する（5～25%の減少）		3	1	7		1	12
横ばい	2		3	12	3	4	24
増加する（5～25%の増加）	1	5	9	30	3	8	56
かなり増加する（25%以上の増加）	2		1	3	1	2	9

出所：著者作成。

まず、売上高の昨年度との比較（図表 5-11）については、20 法人が、「かなり減少した」または「減少した」と回答し、一方、43 法人が、「かなり増加した」または「増加した」と回答した。以上の数値から農業生産法人の状況は決して悪くはないと考えられるが、会計的知識の有無と売上高の状況に関係があるとは言い難い。

また、5 年後の将来的な売上高の予測（図表 5-12）については、14 法人が、「かなり減少する」または「減少する」と回答し、一方、65 法人が、「かなり増加する」または「増加する」と回答した。Ⅱ型、Ⅳ型、およびⅥ型の農業経営者は悲観的な予測をしている者が多く、Ⅰ型、Ⅲ型、およびⅤ型の農業経営者が楽観的な予測をしている者が多い傾向にある。以上のことから会計的知識を有する農業経営者（Ⅰ、Ⅲ、Ⅴ型）は、農業生産法人として何らかの対策を立てており、その結果が 5 年後の売上を形成すると予測している表れであるとみている。

図表 5-13　当期純利益の昨年度との比較

	Ⅰ型	Ⅱ型	Ⅲ型	Ⅳ型	Ⅴ型	Ⅵ型	合計
かなり減少した（25%以上の減少）			1	3	1	1	6
減少した（5～25%の減少）			1	12	1	2	16
横ばい	1	4	5	26	2	6	44
増加した（5～25%の増加）	1	4	6	14	3	7	35
かなり増加した（25%以上の増加）	2		1				3

出所：著者作成。

図表 5-14　将来的な当期純利益の予測（5年後）

	Ⅰ型	Ⅱ型	Ⅲ型	Ⅳ型	Ⅴ型	Ⅵ型	合計
かなり減少する（25%以上の減少）				1			1
減少する（5～25%の減少）		3	2	10	1	1	17
横ばい	1	1	6	15	2	5	30
増加する（5～25%の増加）	3	4	5	27	3	9	51
かなり増加する（25%以上の増加）	1		1	1	1		4

出所：著者作成。

そして、当期純利益利益の側面においても分析してみた。当期純利益の昨年度の比較（図表5-13）、および5年後の将来的な当期純利益の予測（図表5-14）を分析対象とした。

本来は、売上高に比例して当期純利益も増減するので関連性があると考えられるが、農業生産法人の農業経営者に関しては以下のことがいえる。

まず、当期純利益の昨年度との比較（図表5-13）については、22法人が、「かなり減少した」または「減少した」と回答し、一方、38法人が、「かなり増加した」または「増加した」と回答した。この数値から、昨年度の当期純利益と比較して、Ⅰ型、Ⅲ型、Ⅴ型において、減少した法人は割合的に少なかった。会計的知識を有する農業経営者は、費用を削減する努力により、最終的な当期純利益を黒字にしたと捉えることができる。

また、5年後の将来的な当期純利益の予測（図表5-14）については、18法人が、「かなり減少する」または「減少する」と回答し、一方、55法人が、「かなり増加する」または「増加する」と回答した。よって会計的知識を有する農業経営者は、将来に対し計画的な経営戦略を立て、当期純利益（5年後）の予測を考慮し、経営を行っていると考えられる。結果的には、図表5-12の将来的な売上高の予測（5年後）と類似した数値となった。

なお、将来の予測というものは、景気を含め、さまざまな要因で変化するが、農業経営者が客観的に判断し、予測し、見極めるものである。今回のアンケートでは、将来の売上高および当期純利益について、会計的知識を有する農業経営者は、経営的方針に対し、何らかの対策を実施することで将来の売上高に反映され（図表5-12）、必然的に当期純利益も増加すると予測している（図表5-14）。

5-4-2. 農業経営者の会計的知識の有無と経営の改善および設備投資

農業生産法人の農業経営者が、経営者として考えなければならないことは、売上高、当期純利益を増加させ、従業員の生活を確保することである。いかにして売上高を増加させるのか、いかにしてコストを削減して当期純利益を増加させるのかということを経営者は常に考慮しなければならない。その際、農業経営者は誰に相談しているのであろうか。今回のアンケートの結果（複数回答）、65法人が税理士と回答しており（30.9%）、次いで従業員に相談または社内での会議開催が29法人（13.8%）、銀行関係者が25法人（11.9%）、配偶者が19法人（9.0%）、農業経営アドバイザーが18法人（8.5%）となった。農業生産法人も普通法人の一つであるため、法人税の納付のために申告が必要であり、税理士に委託することが一般的である。よって農業経営者も、顧問税理士に経営について相談する場合が多い。ただ、会計的知識を有しない農業経営者であるⅥ型に関しては、税理士を相談相手として挙げている数値が、より顕著に表れている（51.8%）。また、従業員、配偶者および友人は、農業経営者からみれば身近な存在であるため相談しやすく（28.0%）、税理士を含め銀行関係者を相談相手に挙げているのは、数字に強いという理由からと見受けられる（53.8%）。そして、会計的知識を有しないⅣ型およびⅥ型が、相談相手として税理士を挙げている経営者が多いことは（Ⅳ型が29法人、Ⅵ型が14法人で、税理士を相談相手とする65法人中の66.1%を占める)、数字が弱い部分を税理士に相談することで補っていると思われる。

また、農業生産法人の農業経営者が、具体的に売上高または当期純利益を増加させるために、どのような施策を検討しているのかを分析した。図表5-15は、農業生産法人の規模の拡大についての施策を示したものであるが、販路の拡大および生産量の増加を考えている農業経営者は多いことが分かる。これらは、売上高を直接的に増加させるものであり、農業経営者であれば、当然、考えることである。一方、増資、従業員の増加、設備投資というものは、直接的な現金の支出が関係するために慎重に検討するものである。これらについては、会計的知識を有しているⅠ型、Ⅲ型、およびⅤ型の農業経営者は、積極的に検討している。会計的知識を有することにより、規模の拡大を配慮にいれた視点が、費用対効果を考慮した施策となる。よって会計的知識の有無が前向きな経営戦略、および経営計画を立て、経営判断に差が出ていると思われる。

そして、農業生産法人のコスト削減の施策に関しては、「材料費および原料の削減」が最も多く、次いで、「労務費の削減」、「経費および水道光熱費の削減」となっている(図表5-16)。これらは支出を抑えてコストを削減するものであるが、「材料費および原料の削減」については、会計的知識を有するⅠ型、Ⅲ型、およびⅤ型の農業経営者が積極的に取り組んでいる。また、「外部委託」

図表5-15　農業生産法人の規模の拡大(複数回答)

	Ⅰ型	Ⅱ型	Ⅲ型	Ⅳ型	Ⅴ型	Ⅵ型	合計
考えていない		1	2	10	1	6	20
増資を考えている	1		1	9	1		12
販路の拡大を考えている	2	6	11	30	4	2	55
従業員を増やそうと考えている	3	3	4	10	4	5	29
耕地の拡大を考えている	1	6	6	19	2	3	37
生産量の増加を考えている	3	3	10	25	4	6	51
家畜を殖やすことを考えている	2	2	2	4	1	1	12
設備投資を考えている	3	3	5	16	3	3	33

出所：著者作成。

図表5-16　農業生産法人のコスト削減（複数回答）

	Ⅰ型	Ⅱ型	Ⅲ型	Ⅳ型	Ⅴ型	Ⅵ型	合計
考えていない		1		4		2	7
材料費および原料の削減	3	5	10	29	6	10	63
労務費の削減	1	5	4	17	2	6	35
外部委託		1	5	9	2	1	18
経費および水道光熱費の削減	2	3	5	18	2	5	35
購入時の値引き		1	1	9		4	15
節税	2	1	1	8		1	13

出所：著者作成。

をするような発想は、法人の資金に余裕がなければできないが、Ⅲ型の農業経営者は積極的に取り組んでいる。一方、農業生産法人のコスト削減を「考えていない」と回答した農業経営者は、会計的知識を有しないⅡ型、Ⅳ型、およびⅥ型の農業経営者であった。

5-4-3. 農業経営者の会計的知識の有無と借入の関係

農業生産法人を展開するにあたって、金銭的問題である借入れをするか否という問題が必然的に生じてくる。農業生産法人の昨年度の短期借入および設備投資のための長期借入（5年間）を、それぞれ図表5-17、図表5-18に示した。

図表5-17から分かるように、約6割の農業生産法人が短期借入を行っており、通常の資金繰りが困難であるために、短期借入を行ったと解すれば、かなり厳しい状況にあると考えられる。

一方、設備投資目的に限定してみたが、7割以上の農業生産法人が長期借入を行っている（図表5-18）。農業生産法人の将来を考慮した設備投資であるが、高齢層であるⅤ型、Ⅵ型の農業経営者は、長期借入を行った割合が高いことが分かる。上述したように、高齢になるほど熟練した農業経営者といえ、経営が安定しているため、融資も受けやすく将来的な経営の視点から設備投資を実施していると考えられる。

そして農業生産法人の具体的な借入先であるが、政府関係からの借入が最も

図表 5-17　農業生産法人の昨年度の短期借入

	Ⅰ型	Ⅱ型	Ⅲ型	Ⅳ型	Ⅴ型	Ⅵ型	合計
借入した	3	4	6	34	6	8	61
借入していない	2	4	9	20	1	8	44

出所：著者作成。

図表 5-18　農業生産法人の設備投資のための長期借入（5年間）

	Ⅰ型	Ⅱ型	Ⅲ型	Ⅳ型	Ⅴ型	Ⅵ型	合計
借入した	3	5	10	39	6	12	75
借入していない	2	3	5	14	1	4	29

出所：著者作成。

図表 5-19　農業生産法人の具体的な借入先

	Ⅰ型	Ⅱ型	Ⅲ型	Ⅳ型	Ⅴ型	Ⅵ型	合計
政府	3	5	6	21	3	5	43
農業協同組合系	1	1	5	8	4	4	23
銀行	2	3	2	16	3	6	32
信用金庫			1	6	1	2	10
信用組合			2	2			4
個人的借入			1	2		1	4
その他			2				2

出所：著者作成。

多く、次いで、銀行、農業協同組合系、信用金庫となっている（図表5-19）。ここで、政府関係からの借入が最も多いことは予想できるが、農業協同組合系を銀行が上回っているということは、農業協同組合自体の体力が脆弱化していると受け取ることもできる。

5-4-4. 農業経営者の会計的知識の有無と経営の展開

農業生産法人を展開するにあたって、農業生産法人の規模を拡大するということもあるが、生産物のブランド化ならびに六次産業化も検討課題の一つである。生産物を単に卸すだけではなく、付加価値を付けて販売するということも農業生産法人の農業経営者として考慮しなければならない。その際、生産物自体に付加価値を付けるブランド化と生産物を加工して販売する六次産業化が考えられるが、どちらも農業経営者の手腕が試され、成功させるには難しいとされる。

まず、農業生産法人が、農業協同組合を通じて、生産物をどの程度出荷しているかを分析した。農業協同組合へ出荷した生産物以外のものは、農業生産法人自体で農産物を販売することになる。図表5-20は、農業協同組合への出荷割合を示したものである。農業協同組合に農産物の出荷を100%依存している農業生産法人は、意外と少なく8法人しかない。一方、全く依存しない（0%）という法人は41法人もある。このことは、法人化することによって、農業協同組合との繋がりが希薄化することを意味している。特にⅠ型およびⅡ型の若年層の経営者ほど農業協同組合との繋がりは希薄になっている。将来的には農業経営者は、徐々に農業協同組合との繋がりを必要としない経営にシフトしていくと考えられる。また、農業協同組合への集荷割合である農業協同組合への依存度は、会計的知識の有無によって変化するようには見受けられない。

図表5-20　平成25（2013）年度の農業協同組合への出荷割合

	Ⅰ型	Ⅱ型	Ⅲ型	Ⅳ型	Ⅴ型	Ⅵ型	合計
0%	3	3	2	25	3	5	41
～10%未満		1	2	1	1	2	7
～20%未満		2	1	7		1	11
～30%未満		1	2	4		2	9
～40%未満		1		5			6
～50%未満	1		1				2
～60%未満			1	2	1		3
～70%未満					1		1
～80%未満				1	1	1	3
～90%未満			1	1			2
～100%未満				1		1	2
100%			3	3		2	8

出所：著者作成。

図表 5-21　農業生産法人の生産物の販売方法（複数回答）

	Ⅰ型	Ⅱ型	Ⅲ型	Ⅳ型	Ⅴ型	Ⅵ型	合計
していない	1			5			6
直売所販売	1	5	10	30	4	8	68
ネット販売	1	3	6	22	2	7	41
加工販売		3	6	27	2	9	47

出所：著者作成。

次に、具体的な農産物の販売方法であるが、直売所販売が68法人と最も多い（図表5-21）。これは農産物を卸す以外の販売方法として容易に取り組むことができるということが予想される。ネット販売および加工販売は類似した結果になっているが、ただ、これらは手間が掛かるため、容易に取り組むことは難しいが、約4割の農業生産法人が取り組んでいる。このことは、農業協同組合にできるだけ依存せずに、販路を試行錯誤しながら模索して、辿り着いた結果が、Web販売または加工販売かもしれない。これらが、ブランド化および六次産業化と同様に捉えることは難しく、ホームページから分かるように必ずしもブランド化を目的とした生産物ではない。加工販売も同様に、何かしら少し手を加えたことによって直売所で販売されているものは、必ずしも六次産業化とは呼べない。

最後に、農業生産法人の農業経営者が、生産物のブランド化および六次産業化について関心があるか否かを分析してみた（図表5-22）。これは経営者自体がアンケート調査によってブランド化および六次産業化を認識したうえでの回答であるが、生産物のブランド化へ「関心のない」農業生産法人は7法人のみである。ほぼすべての経営者が関心をもっているか、既に実行に移していると思われる。そこで、既に「ブランド化を試みている」法人に着目するとⅠ型、Ⅲ型およびⅤ型は割合的に多いことが分かる。これは、経営的知識を有していることから、単に生産物を生産するだけではなく、生産物に付加価値を付けて販売する手段として、積極的にブランド化を試みる農業経営者が多いことを意味している。ただし、Ⅵ型は会計的知識を有していないが、既にブランド化を

図表 5-22　農業生産法人の生産物のブランド化への関心

	Ⅰ型	Ⅱ型	Ⅲ型	Ⅳ型	Ⅴ型	Ⅵ型	合計
関心がない	1			5	1		7
関心がある	1	4	4	28	3	7	47
ブランド化を試みている	3	3	10	18	3	7	44

出所：著者作成。

図表 5-23　農業生産法人の生産物の六次産業化への関心

	Ⅰ型	Ⅱ型	Ⅲ型	Ⅳ型	Ⅴ型	Ⅵ型	合計
関心がない	1	2	1	9			13
関心がある	4	3	3	22	4	5	41
六次産業化を試みている		2	10	18	3	10	43

出所：著者作成。

試みている法人の割合的に高い。

そして、農業生産法人の生産物の六次産業化への関心であるが、生産物のブランド化への関心と比較して、生産物の六次産業化に関心がない法人が13法人と上回っていることが分かる（図表5-23）。これは生産物のブランド化よりも六次産業化が困難なことを意味している。前述したように、六次産業化とは言い難い加工化は可能だが、本格的に六次産業化を試みれば、経済的にも切迫する可能性も生じるし、手間暇もかかってくる。

しかしながら高齢層に着目すると、会計的知識を有しないⅥ型も多く、Ⅴ型もある程度多いことが分かる。これはブランド化でも同様のことがいえるが、Ⅴ型およびⅥ型が多いということは、熟練した経営者で経済的にも余裕があり、さらなる農業生産法人の展開を視野に入れるならば、生産物のブランド化または六次産業化は経営戦略となり得るのである。反面、若年層は経済的に余裕がなく、六次産業化を実現することは難しい。中堅層は経済的に六次産業化を実現可能な法人が多く、Ⅳ型よりもⅢ型の方が割合的に圧倒的に多い。このことは、会計的知識を有した農業経営者は、六次産業化の取り組みを重視している傾向があると考えられる。

第6章　大規模農業経営者の事例と
小規模農業経営者の意見

農業が儲かる職業と明確であるならば、若手の参入が見込まれるが、はっきりと儲かるとは言い難い職業である。まず生産物を生産するための技術を習得しなければならないし、高い技術力がなければ、良い生産物を生産することはできない。また、天候等のさまざまな要因によって生産物の相場も大きく変化するのが常である。

しかしながら、利益を追求する農業経営者も多数存在している。その中で、メディア等に頻繁に採り上げられているカリスマ的な農業経営者である、有限会社トップリバー代表取締役 嶋崎秀樹氏、グリンリーフ株式会社代表取締役 澤浦彰治氏、株式会社伊賀の里モクモク手づくりファーム代表取締役 松尾尚之氏にヒアリング調査を試みた。一方、小規模農業経営者に対しても同様にヒアリング調査を試みた。本章では、カリスマ経営者の成功への道のりと小規模農業経営の現状をまとめた。

6-1. 有限会社トップリバー(122)、(123)、(124)

6-1-1. 概要

2000年に、長野県佐久郡に有限会社トップリバーは設立された。1988年に、代表取締役である嶋崎秀樹氏が、菓子などを製造している食品メーカーである株式会社ブルボンを退職し、妻の実家である佐久青果出荷組合に入社した。こ

---

(122)　嶋崎秀樹（2013）『農業維新』竹書房を参考。

(123)　2016年3月31日（木）15時から有限会社トップリバー代表取締役 嶋崎秀樹氏にヒアリング調査を試みた。なお書籍への掲載の許諾は得ている。

(124)　農業生産法人有限会社トップリバーホームページ http://www.topriver.jp/（最終検索日：2016年9月30日）

れが嶋崎氏の農業に携わるきっかけである。

その後、佐久青果出荷組合の代表に就任して、契約栽培および産地直送販売を目的としてトップリバーが設立された。レタス、キャベツ等の葉菜類を生産・販売しており、売上高約12億円の規模である（2016年現在）。ちなみに、農業生産法人の中で、売上高10億円を超える法人はわずかであり、大規模な農業生産法人といえる。トップリバーの経営には、以下のような特徴がある。

(1) 契約販売および契約栽培

生産物は市場を通じて取引されるため、その価格は相場によって日々変動している。収穫量が高ければ、供給量が増加して価格は暴落する。収穫量が低ければ、供給量が減少して相場は跳ね上がる。このように生産物の価格相場というものは不安定な状況にある。そこで、このような生産物の価格相場に左右されないように、嶋崎氏は契約栽培および産地直送販売を実施した（図表6-1）。

契約販売の契約先は、スーパー、コンビニエンスストア、ファミリーレストラン、ファーストフード等が中心となる。従来、農家の生産した生産物は、農業協同組合に持ち込まれて、卸売市場で競りにかけられる。これを青果卸売業者が買い付けて、スーパー、コンビニエンスストア、ファミリーレストラン、ファーストフード等に流通するが、農業協同組合や卸売市場を通さない契約販

図表6-1　有限会社トップリバーの経営

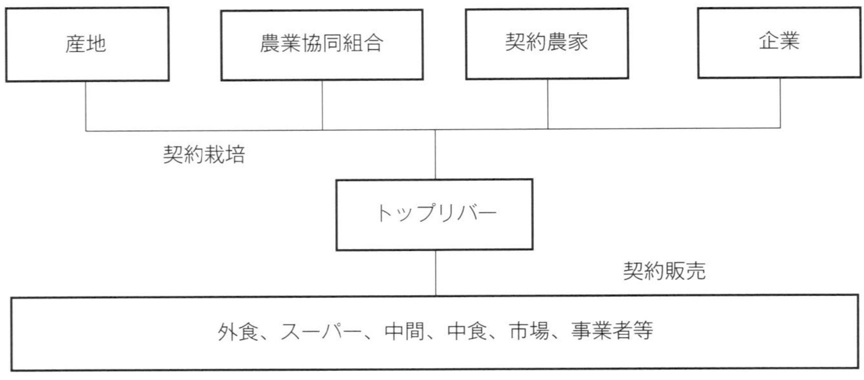

出所：著者作成。

売であれば、価格相場の影響を受けることはないが、相場が高騰している場合、その差額を負担するリスクは生じることになる。

契約販売を支えるのが、契約農家等との契約栽培である。契約販売によって収入の見込みが立ち、生産計画および生産管理が可能となる。それでも天候によって生産物の生産量は左右されることもあるが、複数の契約農家と契約販売を締結することにより、納入数量を確保することが可能となるのである。

(2) 研修プログラム

儲かる農業を経営するには、生産者としての農業就業者を増やすのではなく、儲かる農業を実践できる農業経営者を育てなければならない。そこで、トップリバーでは研修プログラムを実施し、人材の育成を行っている。研修参加者は、6年間で農業生産技術およびビジネスのノウハウを習得する。図表6-2は、具体的な研修プログラムの内容を示したものである。

トップリバーの研修プログラムでは、惜しみなく教育される。また、研修参加者は、トップリバーで社員として雇用されることになり、1年目は、新入社員として、社会人のマナーを身に付けながら農作業の基本を覚えることになる。2年目から3年目は、土の作り方、機械の操作方法・肥料・農薬・資材・野菜の病気や害虫等について学び、畑作りを覚えることになる。そして、農場経営にも携わり、農場長を補佐する。4年目から6年目は、農作物の出荷計画の立案および年間作業計画、労務管理、財務管理、栽培品種・肥料・農薬の選定等というように、農場経営全般に必要な知識を教育する。すなわち、農場長として、農場を運営する能力を育むのである。

図表6-2　研修プログラムの内容

a. 生産に関する生物学的知識（土壌分析・施肥設計・防除）
b. ICT技術を使った農産物の生産管理・統計手法による収穫予測等の最先端技術を用いた栽培方法
c. 生産計画の作成から、農場マネジメントまで、マーケットインの視点に立つ農業経営のノウハウ
d. 農作業に必要なトラクターなど農業機械の運転技術や免許の取得

図表6-3　富士見みらいプロジェクトの内容

a. 遊休農地を活用した高原野菜の栽培
b. ICTを活用した栽培技術研修
c. 儲かる農業の実現のための経営を指導
d. 農地の確保
e. 独立新規就農支援
f. ストーンピッカーによる石の除去

そして、この6年間で独立資金を貯め、独立の準備をする。その際、トップリバーは、農地貸与、生産物の販路、農業機械準備をサポートし、全面的に独立支援をする。ただし、独立後の関係を縛らないために、出資による援助は積極的にはしない。しかし、独立後、トップリバーと関係を有する独立者は多いという。

(3) 富士見みらいプロジェクト

2014年に、富士見町（長野県諏訪郡）およびJA信州諏訪と提携して、トップリバーは富士見みらいプロジェクトを実行している。担い手不足という問題から、富士見町で高原野菜による作付面積100 haを目指した地域活性化プロジェクトである。このプロジェクトによって、高原野菜のブランド化および雇用創生が可能となる（図表6-3）。

富士見町を通じて農地確保をする以外は、トップリバーによる農業従事者への指導ということになる。したがって、遊休農地をトップリバーによって再生し、そこで栽培した高原野菜をブランド化しようとしているのである。ちなみに、2020年までの目標は、作付面積100 ha、新規雇用の累積285人、富士見地区の経済波及効果31億7,000万円である。

6-1-2. 発展

嶋崎氏は、「農業は一般企業のビジネス感覚と乖離している」と述べている。例えば、天候によって左右される生産物の生産は完全な成り行き生産であって、「お天道様に聞いてくれ」と生産者自体が言う始末である。これでは納品の見通しが立たない。

既述のように、2000年に、トップリバーを設立して、産地直送および契約栽培によって販路を拡大したのである。嶋崎氏は前職で営業を中心に業務を行っていたので、営業力および販売力の必要性を肌で感じており、その重要性を説いている。生産の2倍の力を注がないと結果は出ないとし、そのため嶋崎氏は農作業には一切携わらず、営業のみに専念しているのである。そして販売先が確保されれば、確実な収穫量を確保しなければならず、本来ならば、トップリバーで生産物を生産して販売すればよいのであるが、販売量の増加に収穫量が追いつかないということと、確実な納品の確保という二つの理由から、契約農家および農業協同組合等との契約栽培がなされている。

以上のようにトップリバーは、儲かる農業を実践し、その農業生産技術およびビジネスのノウハウを指導し、将来の農業経営者を育成する研修プログラムを実施している。トップリバーは、全面的に独立支援をしているが、独立後も本人が協力農家を希望すれば、トップリバーと提携し、資金繰り、農機具のレンタル、技術面等において支援することになっている。したがって、トップリバーと独立者は親子のような関係である。さらに、実力をつけた者は、独立希望者としてトップリバーの傘下から離脱し、儲かる農業のノウハウ等を次の独立希望者に伝授していくことになる。

ただ、ここには、トップリバー自体が大規模化するにあたって、人材不足という問題に直面したのではないかとも考えられる。販売量が増加すれば、大規模化および効率化を図ることは必然的になる。当然、労働力も必要となるため、人材を確保しなければならない。しかし、担い手不足という問題もあるため、若年層の人材を確保することは困難である。そこで、人材不足の問題の打開策として、この研修プログラムは、農業で独立を志す優秀な人材を一時的に確保することが可能で合理的なシステムであると思う。

研修プログラム修了後、実際に独立した社員は何人も存在する。独立後、トップリバーの傘下に残るか否かは自由であり、引き続きトップリバーと何等かの提携をしている独立者も多くいる。このように、トップリバーと独立者との関係は、出資がなければ会社法で縛られる親子会社の関係ではないが、ある意味グループとして経営が安定することになる。しかし、提携する独立者が増加しなければ、トップリバーのさらなる発展は望めない。

そこで、現在、富士見みらいプロジェクトが実施されている。これは嶋崎氏が儲かる農業が地域活性化に繋がると説いているように、トップリバーの本格的な地域活性化を目指した一大プロジェクトである。

嶋崎氏が農業経営に携わってからのトップリバーの発展の経緯を、萌芽期、成長期、成熟期の三つに分類してみた。まず萌芽期では、嶋崎氏が佐久青果出荷市場に入社した初期の時期で、一般企業と農業経営のビジネス感覚が乖離していると感じながら経営に携わった時期である。次に成長期では、トップリバーが設立され、産地直送および契約販売によって販路を拡大し、独自の研修プログラムを実施した時期である。成熟期である現在の状況は、地域活性化にもとづいて富士見みらいプロジェクトを実施し、さらなる発展を試みている。

6-1-3. 嶋崎氏の農業経営および会計的意識に対する考え方

(1) 農業経営に対する考え方

前職のサラリーマン時代のビジネス感覚が農業経営で活かされ、儲かる農業の基盤を作っている。すなわち、生産性を考慮せずに生産物を作るだけの「農」ではなく、生産性を考慮して営利を追求した「農業」を実践している。嶋崎氏は、「農」と「農業」を区別して理解しなくてはならないと述べている。

トップリバー設立後、嶋崎氏は、生産物の相場の影響を受けないための契約販売、および契約栽培による安定した収入の確保に挑んでおり、これにより生産計画、生産管理、事業計画が成り立つという。これは嶋崎氏のサラリーマン時代に培った独自の考え方に基づいており、営業力あっての成功であり、生産よりも営業力にウェイトを置いている。

これを嶋崎氏は、「100点＋200点」理論とよんでいる。従来、より良い品質の生産物の生産を目指して生産技術の向上を図り100点を目指してきた。しかし、利益を追求した儲かる農業を実践するならば、農業技術だけでは不十分であり、営業力および販売力に2倍の力を注ぐべきであり、営業および販売のセクションをもち効果的で効率的な販売方法を検討し、売り込みをかけ、契約交渉をしなければならないと述べている。

そして、既述のとおり研修プログラムでは、農業で独立を希望する者に対し惜しみなくトップリバーのノウハウ等を指導し、独立の際には全面的に支援している。いわゆる親子関係と考え、独立者が同じ様にノウハウ等を次の独立を希望する者に伝えていく形をとっている。家族的な取り組みであり、トップリバーはタネを撒いている状況であり、嶋崎氏は組織農業の家族版として「水戸黄門システム」と呼んでいる。

このような取り組みは、嶋崎氏が説くように農業経営の大規模化によって地域活性化が実現できる。大規模化は、雇用創生および市域の増税に繋がる。そして、正社員として雇用しなければ、雇用創生したとはいえず、正社員として雇用することで信頼性が育まれると嶋崎氏は説明する。そのためには、法人化による社会保険や厚生年金等の福利厚生は必要不可欠という。

(2) 会計的意識に対する考え方

会計および経理については、担当者に任せているということであったが、ヒアリングの中で、嶋崎氏は京セラの元代表取締役である稲盛和夫氏の経営方針を取り上げていた。稲盛氏は経営において会計の重要性を説く経営者の一人であり、本人の著書でも会計の必要性を説明している[125]。筆者は、嶋崎氏の会計士としての会計的知識は有していないが、経営者としての会計的意識は有していると考える。

嶋崎氏は、トップリバーの売上高は横這いであるが、利益率は低下しているという（2016年現在)。売上高だけではなく、利益率に着目しなければならないと述べている。そして、3年計画で売上高は当然増加させるが、それと同様に利益率も上昇させる予定でいるという。会計の学習経験はないが、トップリバーの数字に対しては慎重に向き合っており、売上高、利益率、キャッシュ・

(125)　稲盛和夫は本人の著書である『稲盛和夫の実学―経営と会計』の中で会計の重要性を説明しており、特に管理会計の重要性について述べている。

フロー、契約時のさまざまな数字等については必ず把握している。決して財務分析で計算される緻密な数値ではないが、数字を活かした経営をしていることは確かである。

最後に嶋崎氏は、「法人にとってキャッシュ・フロー（資金繰り）は重要であり、キャッシュ・フローから経営計画を提案することができる。具体的には費用をどのようにかければ、会計の数字が活きてくるのか。この数字によって経営管理が可能となる」と述べている。

数字による経営管理は、営業力および販売力に繋がっており、最終的には利益を追求する儲かる農業の実践に辿り着くということで、嶋崎氏のビジネス感覚には数字という積極的な会計的意識を有していると思われる。

6-2. グリンリーフ株式会社[(126)、(127)、(128)]

6-2-1. 概要

1994年に、群馬県利根郡にグリンリーフ株式会社は設立された。1983年に、代表取締役である澤浦彰治氏が農業高校を卒業後、畜産試験場の研修を経て20歳の時に、実家を手伝い就農することになり、合わせて養豚にも従事した。その後1989年に、コンニャクの相場が大暴落し、そこで澤浦氏は、自分で価格を決めて販売することを考え、コンニャク芋を加工してコンニャクを製造した。すなわち、六次産業化のはしりである。

そして、1992年に、無農薬栽培の野菜を直接販売することで、3人の仲間で野菜くらぶを設立した。その後1994年に、グリンリーフを法人化して設立した。グリンリーフには7社の関連会社が存在する。グループでの売上高31億

(126)　澤浦彰治（2013）『小さく始めて農業で利益を出し続ける7つのルール』ダイヤモンド社を参考。

(127)　2016年4月23日（土）14時からグリンリーフ株式会社代表取締役 澤浦彰治氏にヒアリング調査を試みた。なお書籍への掲載の許諾は得ている。

(128)　グリンリーフホームページ http://www.akn.jp/index.php（最終検索日：2016年9月30日）

円超の規模であり、グリンリーフは大規模な農業生産法人といえる。グリンリーフの経営には、以下のような特徴がある。

(1) 分社による組織化

グリンリーフは、それぞれの関連会社が分業して役割を担っている。図表6-4は、グリンリーフの関連会社の相関関係を示したものである。グリンリーフ、野菜くらぶ、サングレイス、四季彩、ビオエナジーが主体になっている。野菜くらぶは、無農薬栽培の野菜を直接販売する会社として設立されたが、現在では、野菜の袋詰めや契約販売先への出荷の役割を担っており、農業技術の開発や新規就農の支援も実施している。グリンリーフは、グループの中心となる会社であり、コンニャク芋等の生産、コンニャク、漬物および冷凍野菜の加工、Webを活用した直接販売を担っており、有機栽培や無添加にも拘っている。サングレイスは、モスバーガーチェーンで使用するトマトを生産してお

図表6-4　グリンリーフの関連会社の相関関係

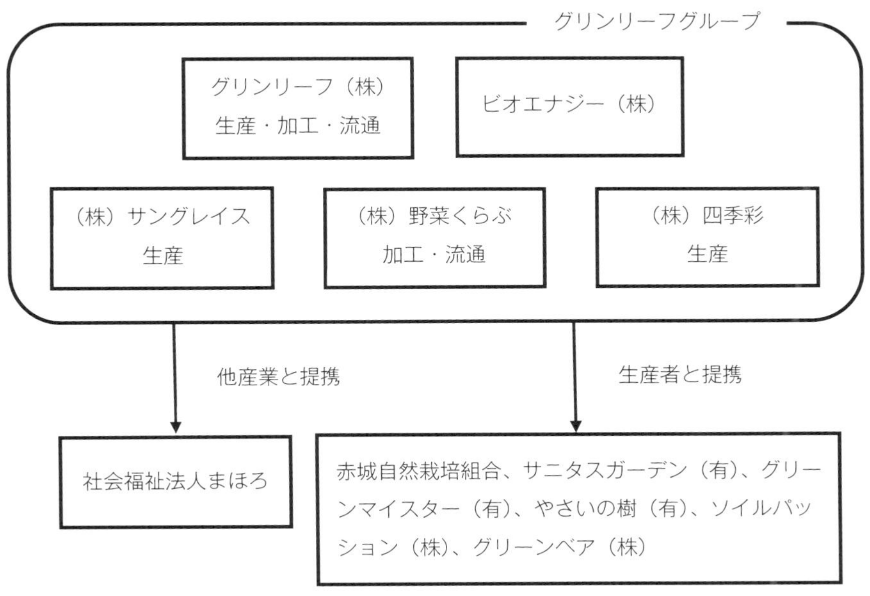

出所：著者作成。

り、四季彩は有機小松菜および有機ほうれん草を生産している。そして、ビオエナジーは、メガソーラーの発電事業およびバイオマス燃料生産を試みている。

このような主体となる会社と連携している他産業で、社会福祉法人まほろは、野菜くらぶから受託して野菜袋詰めや学園が運営しているサニーズマーケットでの有機野菜の直節販売を担っている。また、赤城自然栽培組合、サニタスガーデン、グリーンマイスター、やさいの樹、ソイルパッション、グリーンベアは、グリンリーフと提携している生産者である。このように、当初は生産物を生産するのみであったが、大規模化するにあたって、さまざまな役割を分社化して組織化していった。

(2) 独立支援プログラム

グリンリーフの関連会社である野菜くらぶでは、就農希望者に対して、農業技術から独立まで全面的に支援するプログラムを実施している。しかし、公的機関である自治体での就農推進活動では、補助金を活用して、経験も技術もない若者に促しているが、これでは成功するとは考えられない。農業を続けるには補助金を出すだけではなく、栽培から販売までの一貫したマネジメントサイクルの確立が不可欠である。

グリンリーフはそこで、安定供給と独立だけではなく、生産物の生産にあたり、適地適作を考慮した独立支援を実施した。つまり、独立希望者に対して野菜くらぶで土地を探し、栽培適地で生産物を生産してもらうことである。図表6-5は、具体的な研修プログラムの概要を示した[129]。

野菜くらぶが就農希望者に対して全面的に支援している。ここで、特徴的な支援は、独立の際、野菜くらぶが資本金のうち50%を出資するということである。これは、独立後も、野菜くらぶが、将来的に関係を継続するための一つの術だと考えられる。また、澤浦氏の就農希望者に成功してもらいたいという強い思いもあっての出資でもある。

---

(129)　野菜くらぶホームページ http://www.yasaiclub.co.jp/dokuritsushien/index.html
（最終検索日：2016年9月30日）

図表 6-5　研修プログラム

a.	野菜くらぶ生産農家で 1 年以上研修する。
b.	研修後、会社を設立して独立する。
c.	会社設立のための資金は、野菜くらぶが 50%出資する。
d.	販売先は、野菜くらぶが確保する。
e.	独立後、野菜くらぶが、販売、経営、人事、技術の面において全面的に支援する。
f.	契約を締結して相互の責任を明確にする。

(3) 六次産業化

既述のとおり、高校卒業後、畜産試験場の研修を経て、澤浦氏は就農したが、1989 年に、コンニャク芋相場の暴落を経験する。その後 1991 年、関税および貿易に関する一般協定（GATT: General Agreement on Tariffs and Trade）におけるウルグアイラウンドで、オレンジ等の自由化が決定したことから、市場または農業協同組合に卸す見通しが立たず、絶望感を抱くようになり、澤浦氏はコンニャク芋の生産のみではなく、加工・販売まで行うことまでを考えた。まずはミキサーを 5 台並べて、コンニャク芋をすり凝固剤を加え、それを手で丸め、窯で煮てコンニャクに加工し、つぎにそれを販売したのである。すなわち、六次産業化の先駆けだったと言えるであろう。

現在では、コンニャクだけの加工だけではなく、漬け物や冷凍野菜の加工も行っている。国策として奨励している六次産業化は、ほとんどの農業生産法人が失敗に終わっているが、澤浦氏は、六次産業化で成功している農業生産法人には共通項があると述べている。それは、メーカーが製造する商品よりも確かな品質、特徴、強みを有しているということである。そのような商品であれば高い価格でも顧客（customer）は、購入してくれるのである。鉄則としては、農業生産から離れないこと、そして価値競争力を有する商品を製造することである。

6-2-2. 発展

1992 年に、本格的に農業経営に関わって行った中で、無農薬栽培の野菜を直接販売し、3人の仲間とともに野菜くらぶを設立した。その後、1994年に、澤浦農園をグリンリーフに法人化し、さらに1996年に17人の出資者によって、野菜くらぶが法人化された。

この頃、モスフードサービスへの野菜の納品が一つの転機となり、モスフードサービスの要望に対応するために、長距離輸送でも鮮度を維持するという真空冷却機を独自開発した。その後、この長距離輸送の技術が生かされ、パルシステム等に販路が拡大していくことになる。

澤浦氏には、安定供給をするという考えがあり、どのような状況でも相場とは関係なく契約価格で提供することを心構えとしていた。しかし、台風等の天災により、野菜の相場は大きく変動し、契約交渉をせずに、契約価格のままで取引をすれば、野菜くらぶまたはグリンリーフが損失を被ることになる。苦慮している最中、2004年に、野菜高騰で計画的に仕入れることができなかったモスフードサービスより、トマトの安定供給ために、投資をしてもらうことになった。その結果2006年には、トマトの生産に特化したサングレイスを設立された。

その後、有機小松菜やほうれん草の生産に特化した四季彩を設立し、メガソーラーの発電事業およびバイオマス燃料の生産を中心としたビオエナジーを設立した。さらに、社会福祉法人まほろ学園とは、学園生による生産物の生産および包装作業を受託し、学園運営のサニーズマーケットで生産物の直売もしている。その他、赤城自然栽培組合、サニタスガーデン、グリーンマイスター、やさいの樹、ソイルパッション、グリーンベアとも関連会社として提携している。

グリンリーフは、生産物を生産するにあたって、必要に応じて事業を分社化して、その事業に特化した会社を設立している。ここには、澤浦氏が営業および販売に力を注ぐと生産が疎かになると感じたという理由もある。

以上のグリンリーフの発展の経緯を、萌芽期、成長期、成熟期の三つに分類してみた。まず、らでぃっしゅぼーや株式会社との提携によって、萌芽期には、無農薬栽培の野菜の生産が拡大していき、野菜くらぶを法人化することになる。萌芽期以前に、コンニャクの加工・製造・販売した際に、澤浦氏が無農薬栽培のコンニャク芋に拘ったことが、無農薬栽培の野菜に繋がっている。次に成長期には、上述のモスフードサービスとの提携において、取引先の要望により真空冷却機を独自開発し、取引先への安定供給を視野に入れ、さらなる事業を展開して行った。そして成熟期には、必要に応じて事業を分社化し、提携している関連会社から分かるように、農業以外の事業にも展開をみせている。

6-2-3. 澤浦氏の農業経営および会計的意識に対する考え方

(1) 農業経営に対する考え方

高校卒業後、澤浦氏は実家を手伝うために就農するが、農業高校では農業技術の基礎を学習していた。また、澤浦氏の著書で述べられている（澤浦、2013）が、高校時代から複式簿記に興味があり、就農当初から複式簿記で帳簿を記帳していたという。澤浦氏は就農時から、実家の農業の規模を拡大する考えがあったのかもしれない。

当時、コンニャク芋の無農薬栽培を手掛け、コンニャク芋の加工およびコンニャクの販売に成功したが、まだ六次産業化という言葉は世間では知られていない。しかしながら、このことがきっかけで無農薬栽培による生産物の生産にも展開して行った。澤浦氏は、「農業は価格競争に陥ったら破綻してしまうので、誰でも真似のできない価値競争をしなければならない」と述べている。

コンニャクの加工から、らでぃっしゅぼーやと無農薬栽培による野菜の直売を提携することに繋がっていき、その後、モスフーズサービスとのレタス生産のみの納品の提携をすることになった。その後、従来の農業経営では行き詰ることを予測して事業を展開したように見受けられる。当然、そこには確かな農業技術を身に着けたうえでの事業展開である。つまり澤浦氏が述べているように、種をまく前に買い手を探し、生産物を生産するということを実践していたのである。

澤浦氏の経営センスは生産物の六つの価値という考え方からも見受けられる。六つの価値とは、「生産物が有する機能価値」、「届け方の価値」、「栽培方法の価値」、「生産者の価値」、「加工による価値」、「組織の価値」である。これらの価値に着目することで、「一物多価」を創造することになり、前述した価値競争が可能になるというのである。

ただ、澤浦氏は、不良の生産物を活用して安易に六次産業化を試みて失敗している農業経営者が多いことを懸念していた。これは澤浦氏がいう価値競争になっていないのである。六次産業化を図ろうとすれば、その製品に適応した生産物を原料として、加工および製造しなければならない。したがって、不良の生産物を活用するのではなく、その製品に適応した生産物を開発しなければならないのである。

そして、澤浦氏は、販路を開拓する必要はあるが、飛び込みの営業はしない。それは、販売に力を注げば生産物が疎かになるという理由からである。そのために、グリンリーフでは、事業部を分社化、および多くの関連会社を設立し、グリンリーフのホームページからも分かるように、関連会社を生産、加工、流通に区分している。以上のように、関連会社を特化させていることが、グリンリーフの経営の強みと考えられる。

澤浦氏は、規模に合わせた経営スタイルを用いなければならないと述べている。売上高3,000万円以内（家族経営）、売上高3,000万円超1億円以内（従業員10人以内）、売上高1億円超3億円以内（従業員30人以内）、売上高3億円超5億円以内（従業員50人以内）、売上高5億円超（従業員50人超）で経営スタイルを変更しなければならない。これは規模の拡大にともなって、経営者によるトップダウン型の経営が徐々に成立しなくなるという。これは当然のことだが、野菜くらぶを設立した当初、単なる個人事業主の集合として法人化したわけではなく、澤浦氏をはじめとした経営陣が出資した法人であったことから、トップダウン型の経営がやりやすかったという側面もあったと考えられる。

また、規模が拡大化すれば、人材を確保しなければならないために、雇用の問題が生じてくる。しかし、わが国の農業では担い手不足という問題を抱えているために、簡単に優秀な人材を確保することは困難である。そこで、野菜くらぶでは、独立支援プログラムを実施している。前述したように、就農希望者の独立を全面的に支援するが、ここには澤浦氏の経営理念も関係している。独立の際には、グリンリーフが50%出資し、契約書を交して責任を明確にする。これは独立者を縛るようにも解されるが、澤浦氏の話しを聞いてみると、その後、独立者が農業で利益を出し続けるために関係を保ちながら手助けをしていくというものである。グリンリーフの組織という観点からみれば、企業的な農業というイメージが湧くが、澤浦氏の経営理念は温かみのある農業経営である。

(2) 会計的意識に対する考え方

澤浦氏は高校時代から複式簿記に興味があり、実家の手伝いをしながら経理も担当していた。このことから、積極的に会計を活用した経営だと考えられる。澤浦氏は著書およびヒアリングでも会計の重要性について述べている。グリンリーフに経理担当者は配置しているが、澤浦氏も財務諸表等を必ず確認するという。特に貸借対照表に着目して、在庫の増減から金融機関の融資を決定している。このように、財務諸表の数字を経営に活用しているのである。

また、自己資本については、澤浦氏の独自の考え方を有している。農業経営は現金商売でないことから、いつ現金を必要とするか予測がつかない。したがって、機械、道具、地代、肥料代、種苗代、人件費等のように現金を直ぐに必要とするものが多いが、生産物の収穫まで何カ月もかかるため、現金化されるまでに時間を有することになる。そのため、自己資本は出来る限り手厚くすべきだと述べている。この考えから、独立者に50%の出資をして支援しているのである。

そして、一般企業の経営と比較して、澤浦氏は農業経営の資金の流れの違いに問題があり、その流れを無視して規模を拡大しようとすることは危険であると述べている。急成長と破綻は資金次第で紙一重であり、一般企業で自己資本比率が25%以上であれば問題ないというように、農業経営も25%以上さらには30%以上を目標にすべきだという。

また、資金調達および運転資金についても安易な利息の高い借り入れは、返済によって経営を圧迫させる可能性が高いと懸念している。したがって、自己資金を準備しておくべきで、融資を受ける場合でも、無利息の日本政策金融公庫のスーパーＬ資金等のように、利息の利率を鑑みながら検討すべきと述べている。資金調達の手段として、株式の発行、社債の発行、アグリビジネス投資ファンドの活用があるとし、グリンリーフでは、農業経営独自である農産物優待券付き株式を発行している。

このように、澤浦氏は会計的知識を有しており、さらに積極的な会計的意識を有しているため、財務諸表の数字を分析して経営に活かしているが、最も表面化しているものが経営計画書だと考えられる。グリンリーフでは、経営指針書として、経営理念、経営方針、部門方針、経営計画を社員全員で作成している。その際、経営計画は、予定損益計算書、予定貸借対照表、予定キャッシュ・フローから構成されている財務計画書と販売計画、栽培計画、商品開発計画から構成されている行動計画書があるが、経営方針を達成するためには、この二つの計画書が上手く関連性を有していなければならない。そこで、財務計画書は会計士を交えて作成している。顧客の情報および商品開発等の情報から販売計画を作成し、各部門の固定費、変動費、人件費のそれぞれの項目を検討し、投資計画、返済計画について作成する。最後に、キャッシュ・フローを確認して、１年後の財務イメージを澤浦氏は把握し、現場が立てた計画を安心して遂行するという。

澤浦氏の会計的知識が、そのまま経営に活かされており、数字を読むということに繋がっている。しかし、澤浦氏は、農業に経営感覚を取り入れるということは、確かな農業技術を有していて始めて活かされると指摘している。さらに、目に見えない農業技術が最大の資産であり、ここには優秀な人材の能力が存在し、農業技術という資産は貸借対照表では分析できないとも述べている。

6-3.　株式会社伊賀の里モクモク手づくりファーム[(130)、(131)、(132)]

6-3-1.　概要

三重県経済農業協同組合連合会の職員であった木村修氏と吉田修氏が、地元の豚肉をブランド化できないだろうかということから始まり、伊賀山麓豚というブランドで販売する。ただ、輸入豚を競合相手に伊賀山麓豚を売り込むにはさまざまな困難が生じたという。そこで、伊賀銘柄豚振興協議会の協力を得て、木村氏と吉田氏は、伊賀山麓豚を使用したハムづくりを試みた。ブランド化した豚肉を普通に販売すれば、1、2割の付加価値だが、豚肉を加工して販売すれば、原料の豚肉の10倍の付加価値が付いたのである。いわゆる六次産業化の先駆けであった。

そして、1987年に、木村氏は、三重県経済農業協同組合連合会を退職し、「ハム工房モクモク」を設立した。その際、現在の代表取締役 松尾尚之氏も三重県経済農業協同組合連合会の関連会社である三重JAミートを退職して経営に参画する。その後、1992年に、「有限会社農業法人モクモク」が設立され、1993年には木村氏が代表取締役となり、吉田氏も退職し経営に参画した。

さらに、「人が来れば、モノが売れる」ということから、再度、訪れてみたくなる場を創ろうと考えた。グリーンツーリズムの発想で農業公園の構想を試みた。これが現在のモクモクの原点である。ここを拠点として、幅広い事業を展開している。2017年現在、パート・アルバイトを含め従業員数約1,000人であり、売上高は約55億円、まれにみる大規模な農業生産法人である。伊賀の里モクモク手づくりファーム（以下、モクモクファーム）の経営には、以下のような特徴がある。

(1) モクモクの精神－モクモクの七つのテーゼー

モクモクファームが、伊賀山麓豚のブランド化がルーツであることは上述のとおりであるが、組織としては、1988年に養豚農家16戸の出資による「農事組合法人伊賀銘柄豚振興組合」の設立が起点となる。

---

(130)　木村修、吉田修、青山浩子（2011）『新しい農業の風はモクモクからやって来る』商業界を参考。

(131)　2017年10月23日（月）13時から株式会社伊賀の里モクモク手づくりファーム代表取締役 松尾尚之氏にヒアリング調査を試みた。なお書籍への掲載の許諾は得ている。

(132)　伊賀の里モクモク手づくりファームホームページ http://www.moku-moku.com/（最終検索日：2017年11月15日）

図表 6-6　モクモクの七つのテーゼ

1. モクモクは、農業振興を通じて地域の活性化につながる事業を行います。
2. モクモクは、地域の自然と農村文化を守り育てる担い手となります。
3. モクモクは、自然環境を守るために環境問題を積極的に取り組みます。
4. モクモクは、おいしさと安心の両立をテーマにしたモノづくりを行います。
5. モクモクは、「知る」「考える」ことを消費者とともに学び、感動を共感する事業を行います。
6. モクモクは、心の豊かさを大切にし、笑顔が絶えない活気ある職場環境をつくります。
7. モクモクは、協同的精神を最優先し、法令や民主的ルールに基づいた事業運営を行います。

経営に参画した吉田氏は、大学時代に獣医大学内に生協を設立する活動し、就職先は全国共同酪農組合を選択している。そのような経緯から吉田氏は、「資本主義社会ではあるが、経済の理論に振り回されず、自主自立の方向で事業を展開したい」と構想し、協同組合の組織が理想的だと考え、既述のとおり「農事組合法人伊賀銘柄豚振興組合」を設立した。

しかし、理事たちの反対よって、協同組合の危機に晒される。当然、出資者の意見が強いため、経営に携わらない出資者が勝手な意見をいうのである。この反対を境にして、モクモクファームの目的は何なのか？何のために事業をするのか？という疑問に対し、吉田氏は七つのテーゼというものにまとめた（図表 6-6）。

七つのテーゼが示すとおりモクモクファームの事業は、金儲けは必要だが目的ではないと断言しており、地域活性化、地域貢献、環境保護、食の安全、体験というものが、事業内容の目的であり、職場環境においては、従業員の心の豊かさと笑顔であろう。また7番目のテーゼ（図表 6-6 の 7.）が、組織形態の目的であり、理事たちからの反対を意識したテーゼとなっており、吉田氏の民主主義的な考えが色濃く表わされている。

1992 年には、規模の拡大とともに分社化し、従業員を株主として有限会社を設立している。これは、モクモクファームを自分たちの会社と意識してもらうためである。この帰属意識については、トップリバーやグリンリーフの代表の考えとは異なる。これこそ吉田氏による民主主義にもとづいた独自の経営的思想の表れであると思われる。

(2) 農業公園

既述のとおり、当初モクモクファームは、伊賀山麓豚のブランド化とともにハム、ソーセージ、ウィンナーなどの製造を試み、ギフト用の商品として百貨店およびスーパーに売り込む販売事業が主であった。

しかし、1988年にウィンナーの体験型教室が、口コミで人気をよび、多数の参加者がモクモクファームに訪れるようになった。このような経緯から、モクモクファームの経営理念を知ってもらう機会が生まれ、リピーターとしての顧客を獲得していったのである。ある日、ある一人の参加者からバーベキューを食べたいと言われことがきっかけとなり、モクモクファームでバーベキューをすることになる。これが飲食施設の発端となる。バーベキュー施設を開業することにより、吉田氏は、「場所をつくれば、人は来てくれる」、「人が来れば、モノが売れる」ということを知ることになる。

その後1989年12月、吉田氏は農村に滞在し自然を楽しむグリーンツーリズムの発想から農業を体験する感農ランド構想を思い付いた。体験施設を作ることにより、農業や農村を知ってもらう機会をでき、さらには地ビールも開発し、1995年7月7日には、伊賀の里モクモク手づくりファームがオープンしたのである。

ファーム内には、さまざまな施設が建設されている。ちなみに、筆者が実際に足を運んだ感想では、山一つがファームになっている感じである。ここでは、参加者が飽きないようにさまざまなイベントを開催している。例えば、ウィンナーづくり、パンづくり、イチゴ摘み等の体験型教室、牛やポニー等の動物に直接触れ合うことができる学習牧場、クリスマスパーティー等が開催されている。家族で遊びに来て楽しく子供たちが体験でき、飲食施設や宿泊施設もあり、さらには温泉施設まである。ここを拠点としてモクモクファームは事業展開している（図表6-7）。

図表 6-7　モクモクファーム内の施設

	施設名
ものづくり	ハム工房、ハム・ウィンナー専門館、地ビール工房、大豆とうふ工房、ジャージーミルク工房、小さな手づくりジャム工房、パン工房、和菓子工房、洋菓子工房
体験学習	手づくり体験教室、小さなのんびり学習牧場、いちご摘み体験学習（1 ～ 4 月）、きのこ農園
癒し	野天もくもくの湯、OKAERi ビレッジ、ミニブタ芸、とんとん神社
食事	PaPa ビアレストラン、BuuBuu ハウス、農村料理の店もくもく mokumoku、とまと cafe、かき氷のお店、小麦工房カフェ
買い物	モクモクショップ、野菜塾市場、焼豚専門館、小麦工房・マフィンのお店、ぶたのテーマ館、ハム・ウィンナー専門館

出所：著者作成。

(3) 分社化による組織

以上のような事業展開を行ってきたモクモクファームであるが、1992年に、マーケティング事業を分社化して、会員専用の通信販売およびギフト商品販売を事業内容とした「有限会社農業法人モクモク」を設立した。

そして、直営農場および提携農場の生産物を利用し、女性をターゲットとした農場レストランSaRaRaを皮切りに、健康をコンセプトにして外食事業を展開していった。それが、「株式会社伊賀の里」である。図表6-8は、事業の分社による関連会社の相関関係を示したものである。

それぞれが普通法人として異なる事業内容を展開している。モクモクは、事業の分社化によって発展してきたと松尾氏は述べている。一般的に六次産業化といえば、生産物を製品に加工してWeb等の媒体を活用して販売するというところまでであり、生産物の生産にウェイトを置き、六次産業化については副次的と考える農業生産法人が多い。

しかし、モクモクファームに関しては、単なる六次産業化では終わっていない。モクモクファームが、畜産を基礎にしてハム工房で美味いハムやウィンナーをギフト商品としてWebで直接販売するだけであれば、それは単なる六

図表 6-8　モクモクの関連会社の相関関係

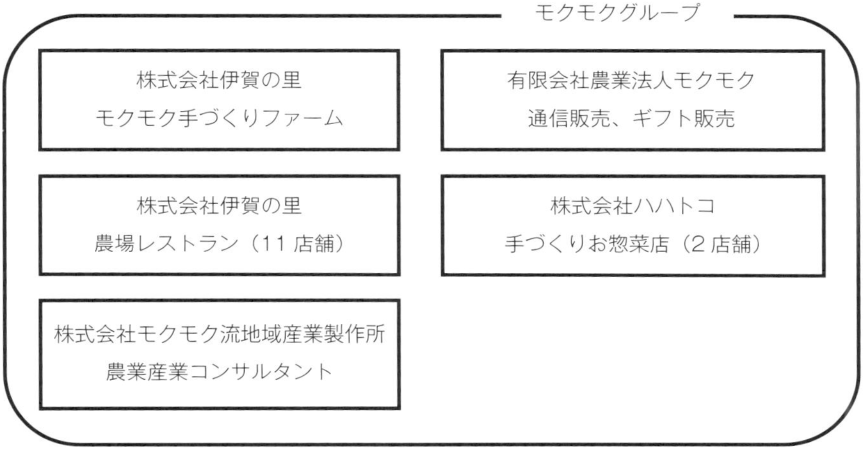

出所：著者作成。

次産業化の成功例の一つである。しかしモクモクファームは、そこからウィンナー製造の体験をさせて顧客を増やし、農業公園を設立し、そこを拠点として、ビールを製造し、地元の生産者と提携して豊かな生産物を使用したビュッフェ方式のレストランを設立し、そのレストランを近県に次々とオープンさせている。そして、他県にアンテナショップも開店している。すなわち、拡散型の分社化といえよう。

グリンリーフも法人内の事業を分社化して発展しているが、どちらかといえば、生産物の生産にウェイトを置いて、生産物を加工した製品を販売するというところで終わっており、拡散型の分社化とはいえない。

6-3-2. 発展

既述のように 1988 年に設立された「農事組合法人伊賀銘柄豚振興組合」がルーツであるモクモクファームは、木村氏、吉田氏、および松尾氏が設立者として協同組合の経営に携わり、松坂牛と同様に、伊賀山麓豚のブランド化を試みていた。当時、付加価値を付けることにより、他の豚肉よりも高値で販売しようと考えていた。しかし大手量販店、地元スーパー、生協等に売り込みを掛けたが、売れ行きは芳しくなく、輸入豚肉の価格には、伊賀山麓豚のブランドでは太刀打ちできなかったのである。そのような状況の中、木村氏らは、「手づくりハム工房モクモク」を建設し、日本のハムづくりの第一人者である山本福太郎氏の指導を受けて、ハムやウィンナーの製造を試みた。すなわち、六次産業化である。これが、モクモクの萌芽期以前といえよう。

その後、ウィンナーの体験型教室が口コミで拡がっていき、アイディア商品が次々と販売され、メディア等に採りあげられ軌道に乗っていくが、既述のように理事たちの反対により、マーケティング事業を分社化し、会員専用の通信販売およびギフト商品販売を事業内容とした「有限会社農業法人モクモク」を設立することとなる。その際、従業員から出資してもらい、70%以上は従業員の自己株式（自社株式）となり、株式を従業員が取得することで、自分たちの会社という認識を有しており、従業員の団結力が固まるという結果になった。これがモクモクの萌芽期といえよう。

こうして、「場所をつくれば、人は来てくれる」、「人が来れば、モノが売れる」ということから、グリーンツーリズムの発想による農業公園の構想を具現化していく。食農体験施設を中心に、ファームは建設された。また、県外のさまざまな農業公園を視察して、観光にウェイトを置くのではなく、「手づくり」と「あたたかさ」を前面に押し出した。さらに、さまざまなアイディアを採り入れ、米作りをし、地ビールを製造し、また、温泉を掘り、さまざまな事業に繋げている。これがモクモクの成長期といえる。

過去に一度、モクモクファームは、サンドイッチ店を出店するが失敗している。結果的に原価率の採算が取れなかったのである。これを踏襲してモクモクファームは外食事業には消極的であったが、その後、四日市市に女性をターゲットにしたビュッフェ方式の農場レストランSaRaRaをオープンする。モクモクファームの生産物を活用した安心した食の提供であった。これをきっかけに、次々と店舗を展開していき、さらにはアレルギー体質または食事制限にも配慮した健康志向の外食事業にも挑戦していく。

2017年現在、モクモクファームは、約1,000人の雇用を生んでいる。そして、分社化によって個々の法人が安定した利益を計上している。さらに、木村氏の経験を活かして集客施設のプランニング、運営アドバイス、特産品の開発、情報発信等を指導する「株式会社モクモク流地域産業製作所」も設立している。すなわち、農業コンサルタント会社である。これがモクモクファームの成熟期といえる。後述するが松尾氏はクラスター化に興味はないと述べていたが、ここまでの規模になれば個々の法人が相互に提携し、地元の生産者も巻き込んだクラスターといえるのではないだろうか。

6-3-3. 木村氏、吉田氏、松尾氏の農業経営、会計的意識に対する考え方

(1) 木村氏および吉田氏の農業経営、会計的意識に対する考え方

既述の通り大学卒業後、木村氏は三重県経済農業協同組合連合会に就職する。その後、退職して農事組合法人伊賀銘柄豚振興組合の経営に携わることになる。一方、吉田氏は、獣医大学卒業後、全国酪農農業協同組合連合会に就職する。そして、三重県経済農業協同組合連合会に転職する。その後、木村氏よりも1年遅れて退職し、農事組合法人伊賀銘柄豚振興組合の経営に本格的に携わることになる。

木村氏は経済学部出身であり、吉田氏は獣医学部出身である。それぞれの大学で学んだ内容は当然異なる。これまで、大学卒という農業経営者は少ない。また、吉田氏は獣医師であり、大学に生協をつくるのに携わったという特異な経緯もある。特に共同で何かを運営していくために、民主主義的な思想でなければならないという考えが強く、それがモクモクの根底にも根付いている。

松尾氏が述べるには、木村氏と吉田氏では役割が明確であり、木村氏は御輿に担がされており、吉田氏は企画マンであるという。著書にも木村氏は、夢をかたり、ほんわかとして仏みたいな人と表現されている（木村・吉田・青山、2011）。一方、吉田氏は、頭の回転が速く、新規の企画を考えさせれば絶妙であり、常に事業の柱が何本か立っていると表現されている。

彼らの農業経営に対する考え方は、吉田氏の民主主義的な思想が特徴として

組織化に色濃く出ている。まず、協同組合として法人化するのであるが、これはお互いに意見がいえる組織環境を目指したのであろう。ただ農業経営では、出資者である養豚農家のわがままままでは聞くことができず、マーケティング事業を分社化していくことになるが、有限会社農業法人モクモクを設立した際、従業員に出資させている。通常、経営者になる者が株式を保有して、経営者と従業員の立場を明確にするのだが、吉田氏の考え方は異なっていた。

設立当時、木村氏は、伊賀山麓豚のブランド化を試みて、積極的に商品の売込みを実施している。店頭販売等と何でもやったと述べているが、営業力および販売力の必要性というのは、木村氏が三重県経済農業協同組合連合会に所属していたから、生産から営業力に直接繋がったと考えられる。さらに、当時、ブランド化しても一般の豚肉より10％から20％増しの価格で販売することになるが、手づくりハムは原料の10倍の価格で豚肉を販売できるという発想は見事なものである。このようなことから、「手づくりハム工房モクモク」を建設して、ハムやウィンナーの製造に着手し、六次産業化の先駆けとなった。結果的には、約30年前に本格的な六次産業化を試みて成功させていたのである。

さらに、農業公園を建設して、米作りをしたり、地ビールを製造したり、温泉を掘ったりと実行して事業に繋げている。経営上、ほとんどの農業公園が、上手く行ってない状況の中、モクモクファームは継続して利益をあげている。ここには、木村氏・吉田氏の「場所をつくれば、人は来てくれる」、「人が来れば、モノが売れる」という考え方がある。顧客を来客させて、お金を落とさせる工夫がさまざまな場所でなされているのである。

この点については、トップリバーやグリンリーフにはなかった発想であり、営業力および販売力の必要性までで、そこからの発展がなかった。モクモクファームはさらに、豊かな生産物を活用して外食事業にも積極的に展開していった。これも吉田氏による組織内で従業員がアイディアを言える環境が存在するし、そのアイディアを積極的に実行に移す土壌があるのであろう。ある意味、イノベーションによって法人の事業内容を新規に発展させる試みをしているのである。

会員制、通信販売、Web 販売、パンフレット、農業公園、ビール製造、温泉施設、食農体験施設、ビュッフェ方式レストラン、近県による外食事業の展開等というものは、木村氏や吉田氏による畜産事業からの発想の発展による彼らの農業経営の特徴といえよう。

そして、松尾氏が述べるには、吉田氏や木村氏ともに会計的知識はなく簿記についても同様であるという。しかし、木村氏については経済学部を卒業し、経営や会計の知識も若干学習した経験があるのではないかと考えられる。著書を読んでみると分かるが、木村氏も吉田氏も数字に明るいことが理解でき、数字を読むというセンスはあったと感じられる。

(2) 松尾氏の農業経営および会計的意識に対する考え方

高校卒業後、松尾氏は、三重県経済農業協同組合連合会の関連会社であるJA ミートに就職した。そして、モクモクを設立する際、木村氏から誘われて、松尾氏も入社する。当然、経営・会計・簿記を学習した経験はないという。著書では、ハムづくり 50 年の山本氏の指導を直接受けたことが述べられており、1991 年には本場ドイツのジンゲン市に手づくりハムづくりの修行にも行っている。さらに、オランダ・スラバクト食肉コンテストおよび国際食肉業組合ハム・ソーセージコンテスト等で受賞をしている。これらのことから、松尾氏は、ハムやウィンナーづくりのプロフェッショナルと考えられるが、代表取締役であり立派な農業経営者なのである。

ヒアリング調査でお会いして、モクモクファームについてさまざまなことを説明していただいた。前述したように、モクモクファームの設立当初から、創業者である木村氏や吉田氏とともに歩んできたため、職人である一方で二人の経営も観察してきたといえよう。松尾氏は、木村氏は御輿に担がされており、吉田氏は企画マンで、私も御輿に担がされているという表現をしていた。しかし、木村氏や吉田氏の経営を引き継いでおり、組織内で従業員が意見を言える環境である吉田氏の思想を引き継いでいるように感じられる。

当初、市場があることから最終的な消費者と生協およびスーパー等の間で価格が決定され、畜産農家が決定することは困難であった。そこで、伊賀山麓豚のブランド化によって、差別化および存在価値を図って最終の消費者との間で直接価格を決定しようと考えた。六次産業化である手づくりハムやウィンナーは、公共の媒体を通じて販売に繋げていったという。特にメディアに商品を繋げるように努めたという。このように、メディアを意識した販売は、トップリバーやグリンリーフには無かったようである。

農業公園については、体験教室によって商品を理解してくれ、それが商品販売に繋がると説明されていた。また、顧客は日常の財布と非日常の財布では異なり、イベント等によって非日常の財布の紐は緩くなるという。そこで、バーベキューや食事が出来るようにし、イベントを次々と開催して顧客の意見を具現化していった。このような心理的作戦は、モクモクを経営するにあたって体験的に生じてきたものであろう。

また、松尾氏は、モクモクファームのマーケットについても述べている。約30年前はインターネットも普及しておらず、伊賀市だけで約9万8,000人のマーケットしかなかった。しかし、口コミやメディアというツールを活用すれば、京都、愛知、奈良、大阪、神戸等にマーケットは拡大し、約2,000万人に膨れ上がるという。ここでいえることは、会員制を利用した広告宣伝効果だといえる。営業力および販売力については、ブランド化および六次産業化とともに、即座に対応したといえるが、松尾氏の説明からは広告宣伝効果ということにもウェイトを置いていたと窺われる。

会員制にしても会員が忘れないように継続させる仕組みを構築している。例えば、定期的に郵送するモクモク直販カタログや無料入園券等は、モクモクファームの強みである。そして、子供たちが来客したらさまざまな体験をさせ、ファンにさせてしまい、子供たちも会員に捲き込むようにしている。このように、会員を増やしていき、来客および通信販売によって売上高に繋げている。

近年、松尾氏は、農業に傾斜しており、地元の生産者と積極的に連携していると述べている。つまり、生産物に付加価値を付けて買い取る、取りまとめの機関があれば、お互いに利益が生じるというのである。そして、ビュッフェ方式のレストランで生産物を利用すればロスがなくなる。また、そこで商品を販売すれば場を創ることができる。

このように、点と点を繋げるようにして、さまざまな事業を展開している。しかし、福祉関係にも着手してみたが採算がとれなかったので撤退した事例もある。さまざまなアイディアを事業に具現化するということは、木村氏や吉田氏の考えを松尾氏はしっかりと引き継いでいる。

松尾氏のヒアリングから、数字が頻繁に出てくるため、数字に明るいということは理解できる。しかし、松尾氏は、経営や会計について学習した経験はないという。簿記についても当然ない。ただし、会計的知識は農業経営者にとって必要不可欠であり、大事であるということも述べていた。経理担当者が日常の会計処理は行うが、経営者として確認はしなければならない。そして、経理担当者から渡された財務諸表を理解しなければならないということから、それぞれ数字の意味を学習していたのである。

6-4. 小規模農業経営者の意見

6-4-1. 農業経営者 A 氏(133)

(1) 現状

大学入学資格検定合格後、通信制の大学に入学して、その後、A 氏は土木系のアルバイト従業員として働き、23 歳の時に、そこの土木経営者の紹介で、神奈川県南足柄市の蜜柑山跡地を活用して養豚を生業とした畜産業を始めた。4 年後に養豚業としての基礎ができ、軌道に乗り始めたという。

現在、38 歳で夫婦一緒に経営をしており、地域の残渣を発酵して粉末にした餌を利用して地域循環型養豚を実施している。そして、開放式豚舎であるため、大型養豚場とは棲み分けがなされている。そのため、食用豚 1 頭の売上高は 10 万円で年間 40 頭しか出荷できない。したがって、年間の売上高は 500 万

(133)　2017 年 9 月 11 日（月）9 時から神奈川県南足柄市苅野でヒアリング調査を試みた。

円未満であり、小規模な農業経営に分類される。

(2) 会計的意識および経営的意識に関する意見

食用豚1頭の売上高は10万円で年間40頭を出荷し、その肥料が年間で150万円かかってくる。したがって、250万円で生計をたてている。夫婦二人で幸せに生活していければよいため、家庭の生計を考えた場合、この250万円でやりくりをしている。したがって、A氏は、肌感覚の現金の収支と会計による帳簿上の利益はズレがあると感じられると述べている。

(3) 大規模化および効率化に関する意見

A氏は地域経済の観点から小規模農業の意義を考えなければならないと述べている。大規模化するか否かは個人の価値観の問題であり、必ずしも大規模化によって現金収入が増加することが幸せというわけではない。夫婦二人で現金収入は少ないが自然にかこまれて生活するのも個人が良しとすれば十分幸せである。

小規模農業は経済的には無駄と捉えがちだが、この仕組みがあるために、高齢の農業従事者が生活していけるわけで、大規模経営のみの農業になれば、かなりの人数の高齢者が行き場がなくなることになる。したがって、大規模化も必要であるが、一方で小規模農業も地域経済の観点から十分に意義があるものである。

小規模農業を続ける意義は、その生活が幸せと感じているからで、担い手不足を解消するために法人化および大規模化というならば、小規模農業において担い手がいなくて消滅していくことも自然なことである。また、効率性については、環境等のさまざまなものを犠牲にしたうえでの効率性であって、本当の効率性を求めるならば、安価な生産物を輸入することではないかと述べていた。

6-4-2. 農業経営者B氏[134]

(1) 現状

大学卒業後、大手某企業に勤務しており、神奈川県足柄市の代々の土地を守るために兼業農家として農業を営んでいた。企業を定年退職後、現在61歳で稲作および梨を専業農家として生産しており、道の駅等の直売も利用して生産物を販売している。売上高は500万円未満であり、跡継ぎとして息子がいるが手伝う程度で農業を本格的にやるかどうかは分からない。

(2) 会計的意識および経営的意識に関する意見

この年齢だから、これからどうしようということは考えていない。農業収入で税金を納付できればよいと考えている。会計や経営の知識はないよりはあったほうがよいと考えている。営業に関しては、営業力があるか否かでは販売量が全く異なることを感じている。帳簿は妻にすべて任せている状態である。

(3) 大規模化および効率化に関する意見

地元では法人化した農家は聞いていない。地域によって法人化の積極性は異なると考えられる。この地域は、一区画の土地が狭いため、これをまとめることも困難である。そのため、法人化による大規模化は困難と感じている。区画整理に関して、この地域では農業協同組合が介入して、土地を貸すことや、宅地にして売却することもしている。

年齢も60歳を超えているため、今から法人化して大規模化を目指すことはない。息子が後を継いで大規模化を目指すなら別だが、現在のところ将来的に後を継ぐのも怪しいと感じている。この地域では、米を「西郡米」としてブランド化しようと提案されたが、このブランド化さえもまとまることができず上手くいかない状況である。

6-4-3. 農業経営者C氏(135)

(1) 現状

JRを定年後、C氏は専業農家となった。現在、年齢は75歳である。稲作と

---

(134)　2017年9月11日（月）11時30分から神奈川県足柄上郡大井町でヒアリング調査を試みた。

(135)　2017年9月11日（月）13時から神奈川県足柄上群大井町でヒアリング調査を試みた。

茄子およびキュウリ等を生産しており、売上高は500万円未満である。定年前は兼業農家として農業を営んでおり、主に休日を利用していたという。跡継ぎは息子がいるが手伝う程度であり、農業を継ぐか否かは分からない。

(2) 会計的意識および経営的意識に関する意見

C氏は、ある程度会計的知識はあったほうが良いと述べているが、具体的なことまでは分からないようである。しかし、経営に関しては、この地域の米の需要というのは確実にあり、営業力があれば必ず販路は拡大するということを述べていた。

(3) 大規模化および効率化に関する意見

この地域ではC氏も含めて3人が中心で農家をまとめている状態である。だれか一人がいなくなったらまとまりがつかなくなる。農業協同組合が介入して法人化は進めることになるかもしれないが、地主が承諾しないと前に進まないし、地域性というものが大きな意味を持っている。したがって、大規模化は難しいと考えている。また、近辺で法人化した農家を知っているが、決して上手くいったという感じはしないという。

この年齢だから、やはり大規模化および効率化ということは考えないし、息子が後を継いでくれるかというのも分からない。

この地域では、「はるみ」というブランド米を生産しており成功している。また、酒米を生産し大井町の酒蔵に出荷している。ただし、地元の生産物をブランド化したわけではない。

第7章　農業生産法人における展開の可能性と展望

本書では、第一に、わが国の農業経営の現状を知るために、農林水産省が公表している数値を用いて、耕地面積、農業総産出額および生産農業所得、農業就業者、専業農家および兼業農家の推移、農家の所得、新規就農者数の推移、農業生産法人数の推移等について説明した。

第二に、IASCから公表されているIAS第41号「農業」とIFRSへのコンバージェンスの詳細について説明した。

第三に、年齢層および会計的知識の有無によって、農業経営者を六つに類型化し、全国の農業生産法人の農業経営者を対象にしてアンケート調査を実施した。その状況調査の結果にもとづいて、農業経営者の特徴、農業経営者の会計に対する考え方、農業経営者の会計的知識の有無と経営との関係、農業経営者の会計的知識の有無と方向性について、類型化した数値から分析を試みた。

そして、第四に、メディア等に頻繁に採り上げられるカリスマ的な農業経営者である有限会社トップリバー代表取締役 嶋崎秀樹氏、グリンリーフ株式会社代表取締役 澤浦彰治氏、株式会社伊賀の里モクモク手づくりファーム代表取締役 松尾尚之氏にヒアリング調査を試みた。一方、小規模農業経営者にもヒアリング調査を試みている。

これらの研究にもとづいて、本章では、環境的変化と会計制度的問題による農業経営者への影響、農業経営者の会計的意識による経営活動への影響、農業経営者にとって会計的意識以外の必要な要因、農業生産法人の展開による将来的展望という側面で考察を纏めることにする。その際、既述した四つのリサーチクエスチョンについても回答する。

7-1. 環境的変化と会計制度的問題による農業経営者への影響

7-1-1. 環境的変化による農業経営者への影響

農業就業者人口は、1976年の約748万人から2016年の約192万人まで右肩下がりで減少している[136]。これに対して、農業生産法人数は年々増加しており、2005年から2015年までで、7,904社から23,158社へ約3倍の伸びである[137]。この数値は急速な農業環境の変化を示している。

法人化は担い手不足の問題を解消するための打開策であり、個人事業主の集まりである集落営農によって地域農家で助け合っていた任意組合が法人化したというケースが多く見受けられる。しかし、農業就業者の高齢化に歯止めをかけるためには、若手を取り込む仕組みを創らなければならない。わが国の政策として、新規就農総合支援事業を実施しており、青年の就農意欲の喚起と定着を図っている。このような取り組みによって、農業をビジネスの一つと考え、若手の参入もうかがわれるようになってきた。

そして、2010（平成22）年12月3日に、「地域資源を活用した農林漁業者等による新事業の創出等及び地域の農林水産物の利用促進に関する法律」が創設された[138]。すなわち、農業経営の六次産業化を推進する六次産業化法である。既述したように、農業経営者自身が生産物を加工および販売することで、二次産業の事業主が得ていた加工費および三次産業の事業主が得ていた流通マージン等の付加価値を直接得ることで活性化を図るというものである。

しかし、わが国における六次産業化は、成功しているケースは少ないといわ

---

(136) 農林水産省ホームページ「農林水産省データ集」http://www.maff.go.jp/j/tokei/sihyo/（最終検索日：2017年10月13日）

(137) 農林水産省ホームページ「平成28年度食料・農業・農村白書の概要」http://www.maff.go.jp/j/wpaper/w_maff/h28/attach/pdf/index-22.pdf （最終検索日：2017年10月13日）

(138) 2011（平成23）年3月1日に、第二章である「地域資源を活用した農林水産業者等による新事業の創出等」である六次産業化関係が交付された。

図表 7-1　六次産業の活動と会計との関係

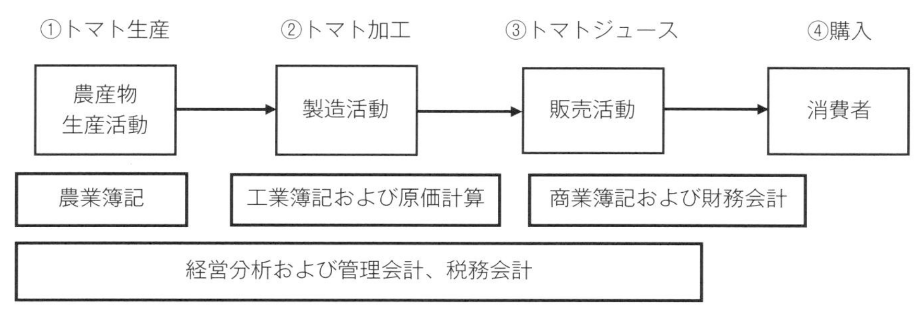

出所：著者作成。

れている。これも経営者の認識によるもので、製品開発および加工ならびに営業に関しては素人同然なのである。そして、六次産業化は会計の複雑化を招くと考えられる。

トマトを生産物として、トマトジュースに加工して販売した場合、図表 7-1 は、六次産業のそれぞれの活動と会計との関係を示したものである。

まず、トマトを生産するという農産物生産活動については農業経営を把握するために農業簿記を適用して帳簿を作成する。次に、生産されたトマトの一部を材料としてトマトジュースを製造するために利用するのだが、製造活動では工業簿記を適用して帳簿が作成され、その際、原価計算によって製品製造原価が計算されることになる。最後に、販売活動では商業簿記を適用して帳簿を作成することになる。また、農業生産法人は、利害関係者に対して財務諸表を外部に報告する役割があることから財務会計を適用することになる。

したがって、企業会計原則、企業会計基準、会社法等の社会的規範または法的規範の裏付けが必要となる。農業生産法人は法人の一つであることによって、複式簿記の導入が必要なことから、農業経営者も会計の知識は必要不可欠となる。さらに、農業経営者にも簿記の知識だけではなく、「数字を読む」という財務マネジメントのセンスも必要とされる。したがって、税理士等の専門家に任せればよいというものではない。すなわち、生産物を生産するプロフェッショナルというだけではなく経営についても本格的に考えていかなければならない。

ただ、農業経営者の中には農業をビジネスとして捉え経営および会計に明るい者も少なくない。将来的に経営者の財務マネジメントについての認識は二極化することが予想され、必要ないと考える農業経営者は今後、淘汰されるであろう。

7-1-2. 農業経営者における会計制度的問題による影響(139)

わが国では農業会計基準が存在しないため、農業活動による会計処理を企業会計原則および企業会計基準に委ねている。しかし、企業会計基準のグローバル化によるコンバージェンスによって、将来的にIAS第41号に準拠した会計基準を設ける必要性が生じると予測される。そこで、IAS第41号の適用性にあたって、公正価値の適用性および収穫基準の是非が重要な問題となるであろう。

まず、公正価値の適用性について、IAS第41号では、生物資産および農産物の評価は、売却費用控除後の公正価値で測定している。この公正価値は、相場価額がある活発な市場が存在しなければ成立しないのだが、活発な市場が存在しない場合、代替的会計処理によって、再調達原価を利用することが容認されている。しかし、これは、比較可能性および理解可能性を図ることから、公正価値での評価を強制しており、代替的会計処理の選択を容認させたくないように見受けられる。

一方、わが国の農業会計では、慣習的に原価主義を採用しており、取得原価を基礎とした方が簡便的であるということは当然である。ここで、わが国に活発な市場が存在するか否かという問題について、農業協同組合等が農産物の相場価額を一般に公開していることから、既に活発な市場が存在するということになる。ただし、すべての生物資産および農産物に活発な市場が存在するわけではない。したがって、わが国の農業会計に公正価値を基準として適用するこ

(139)　ここでは、IAS第41号について論じているため、生物資産および農産物という用語を使用している。

とはさほど困難なものではないと予想される。しかし、公正価値を強制することよりも代替的会計処理の選択のほうが重要である。

次に、この公正価値の採用の延長には、収益の認識基準として収穫基準の是非という問題がある。IAS 第 41 号では収穫基準を採用している。しかし、わが国の企業会計では収益の認識基準は実現主義であり、成果の確実性という側面から未実現利益の計上は認められない。だが、わが国の農業会計による会計慣行では収穫基準が普及している。わが国の農業会計で収穫基準を選択している理由として、会計処理が簡便ということと相場による裏付けが存在するということがあげられる。収穫基準であるため、相場による裏付けは存在しないといけないが、これは庭先価格であり、IAS 第 41 号が要請しているようなものではない。また、会計処理が簡便ということは、農業経営者の会計的意識による問題である。この収穫基準も適用することは可能である。しかし、ここで問題となるのは、わが国では会計と税法が密接に関係しており、農産物を収穫するか否かで利益操作が可能となり、このことから租税回避が懸念される。

わが国の農業は家族経営の農家が中心であり、会計または経理への関心は希薄である。そのため、申告書の作成は必要と考えるが、帳簿付けは必要ではないと考える農業経営者が多かった。いわゆる「どんぶり勘定」的な会計思考である。担い手不足等の解消から法人化が進められているが、家族経営の農家による集落営農が単に法人化したというケースも少なくない。このような場合、やはり法人化といっても、農業経営者が積極的な会計的意識を有しているとは言い難い。したがって、上述したように、わが国の農業会計に公正価値を基準として適用することはさほど困難なものではないが、これが定着するか否かは別問題である。農業経営者が会計的意識を有しなければ、公正価値自体が意味をまったく持たないものになってしまう。

そして、2014 年に、国際的な動向として、IASB が、「農業：果実生成型植物（IAS 第 16 号及び IAS 第 41 号の改訂）」を公表した。果実生成型植物は、IAS 第 16 号「有形固定資産」に準拠させるというものである。このように、コンバージェンスを考慮すれば、将来的に、国際的な動向も鑑みながら、農業経営者は会計制度を理解し、それを活かす術が必要であろう。

7-2. 農業経営者の会計的意識による経営活動への影響

7-2-1. 農業経営者の類型による予測と結果

当初、会計的知識と年齢による農業経営者の類型化から、経営知識、財務への関心、財務状況、財務状況の予測、規模の拡大への積極性、六次産業化について明確な相違の意向があると予測した。

特に、Ⅰ型およびⅢ型については、会計的知識を有していれば、必然的に経営的知識も有しており、農業をビジネスとして捉える農業経営者が多いことから、経営に対して積極的だと予測した。Ⅱ型は農業を生業としており、生産物の生産のプロフェッショナルを目指していると考えた。Ⅳ型は農業経営者としては最も多いと予測されるが、法人の現状維持または安定を優先に考えるため、経営の積極性は弱いと考えた。そして、Ⅴ型およびⅣ型は、長年の経験から熟練した経営者と考えられるため、経営的に成熟していると予測した。しかし、経営に関して消極的である。前述したように、アンケート調査を実施したわけだが、その結果を同様に纏めてみた。図表7-2および図表7-3は、農業経営者の類型化による予測および結果である。

後述するが会計的知識と経営的知識は、そのまま関連しているが実際に会計的知識を有していれば、財務への関心も必ず有しているというわけではない

図表7-2　農業経営者の類型化による予測

	経営的知識	財務への関心	経営状況	財務状況の予測	規模の拡大	六次産業化
Ⅰ型	高い	高い	不安定	上昇	積極的	積極的
Ⅱ型	低い	低い	不安定	横這い	消極的	積極的
Ⅲ型	高い	高い	安定	上昇	積極的	積極的
Ⅳ型	低い	低い	現状維持	横這い	消極的	消極的
Ⅴ型	高い	低い	現状維持	横這い	消極的	積極的
Ⅵ型	低い	低い	現状維持	下降	消極的	消極的

出所：著者作成。

図表 7-3　農業経営者の類型化による結果

	経営的知識	財務への関心	経営状況	財務状況の予測	規模の拡大	六次産業化
Ⅰ型	高い	低い	安定	上昇	積極的	積極的
Ⅱ型	低い	低い	現状維持	横這い	積極的	消極的
Ⅲ型	高い	高い	安定	横這い	積極的	積極的
Ⅳ型	低い	普通	現状維持	横這い	積極的	消極的
Ⅴ型	高い	高い	現状維持	横這い	積極的	積極的
Ⅵ型	低い	普通	安定	横這い	消極的	積極的

出所：著者作成。

(7-2-2、参照)。ただ年齢と現状が財務への関心に関係してくるようである。これは年齢が高くなり熟練した農業経営者は、農業経営のために、会計的知識および経営的知識の必要性を感じ、必然的に学習し財務への関心を有すると考えられる。

また、農業経営者の会計的知識の有無は、農業経営者の主観的な経営状況と若干関係があるようである。若年層および中堅層は、会計的知識を有する農業経営者ほど経営状況は、安定していると感じている。一方、高齢層は逆転している。客観的には当期純利益によって判断されるわけだが、これはⅡ型が最も低く、Ⅴ型が最も高くなっている。したがって、Ⅴ型に関しては、慎重に経営状況を判断し、実際に結果として結びつけて利益を上げているという状況である。

これにともなって、農業経営者の主観的な財務状況の予測は、当初の予測どおりに明確な差異はでなかった。Ⅰ型を除いて横這いと予想する農業経営者が多いが、若年層であり会計的知識を有していることで勢いがあるから楽観的に考えているとは捉えることはできない。全体的に TPP への交渉参加等の不安要因から、全体的にわが国の農業に対して懸念していると考えられる。

農業経営者の会計的知識の有無とは関係なく、農業経営者は、大規模化については積極的に考えている。これは担い手不足等の不安要因から、早急に法人化を図っているが、ヒアリング調査によると小規模農業経営者から見た場合、必ず成功しているとは見受けられないようである。ただ、法人化したからには、農業経営者の視野に規模の拡大というものは前提にあるのであろう。その結果として、Ⅵ型以外の農業経営者は、規模の拡大について積極的に捉えているわけである。

最後に、六次産業化については、当初の予測どおりにはならなかったが、農業経営者の会計的知識の有無とは関係があると思われる。農業生産法人に法人化した場合、同様に、生産物の生産に従事するという農業経営者と、さらに大規模化を本格的に目指し発展的な農業経営を試みる農業経営者の二極に分類されると予測される。これはヒアリング調査から明確にされている。当然、生産物の生産にも重点を置くが、三者とも経営のプロフェッショナルでもある。小規模の農業経営者でも企業に勤めていた経営者は、同様の考えを有している。また、会計の必要性も唱えていることから、発展的な農業経営を試みた場合、六次産業化も視野に入れれば、会計的知識を有した農業経営者が必然的に六次産業化に積極的になるのであろう。

7-2-2. 農業経営者の年齢層と会計的意識の関係

第一のリサーチクエスチョンとして、「農業経営者の年齢層によって会計的意識が異なるのではないか」ということをあげていた。

会計的知識を有する農業経営者は、会計的意識が高いということは分かったが、年齢層が高くなれば、会計的意識は低くなると考え、高齢層は会計的知識を有していても低くなると予測した。これは、高齢層の農業経営者は経営に積極的ではないため、規模の拡大についても消極的であると考えたからである。

アンケート調査の結果から、財務に関する科目の学習経験では、若年層、中堅層、高齢層で相関性があるというわけではない。ただ、会計的知識を有するか否か関係なく、高齢層の一法人あたりの科目数について、Ⅴ型が3.14およびⅥ型が0.56と比較的に高い数値が出ている（図表5-2）。このことは、おそらく、大学等の高等教育機関で学習したのではなく、農業生産法人の代表になったことで、会計的知識の必要性を感じて学習したことを示していると考えられる。そして、このことは会計的意識にも明確に示されている。

具体的な財務上の数字への関心については、会計的知識を有する一法人あたりの項目数について、Ⅰ型が6.00、Ⅲ型が8.06、Ⅴ型が9.71となっており、年齢層が高くなるにつれて項目数も高くなっている。一方、会計的知識を有しない一法人あたりの項目数について、Ⅱ型が5.25、Ⅳ型が7.29、Ⅵ型が7.50となっており、同様に年齢層が高くなるにつれて項目数も高くなっている（図表5-4）。

具体的な財務分析の関心について、会計的知識を有する一法人あたりの項目数について、Ⅰ型が4.20、Ⅲ型が6.53、Ⅴ型が8.00となっており、これも年齢層が高くなるにつれて項目数も高くなっている。さらに、会計的知識を有しない一法人あたりの項目数について、Ⅱ型が4.75、Ⅳ型が4.70、Ⅵ型が4.93となっており、高齢層が最も高くなっている（図表5-5）。

これらのことから、若年層は、比較的に会計的知識は有しているが、財務上の数字の関心および具体的な財務分析への関心は希薄であることから、会計的意識は低いことが窺われる。これは、当然、代表に選ばれてから年数がたっていないことから、生産物を生産することで規模の拡大ということまで意識が廻らないのであろう。一方、中堅層は代表に選ばれてから年数もたち、規模の拡大を図って、会計的知識および経営的知識を積極的に学習した結果として、財務上の数字の関心および具体的な財務分析への関心を有したと考えられる。そして、高齢層も同様なことがいえる。これは、高齢層ほど財務分析への関心は、有しないであろうという当初の予想と大きく反した結果となった。

7-2-3. 農業経営者の会計的意識と業績の関係

第二のリサーチクエスチョンとして、「農業経営者の会計的意識が高ければ、業績にいかに反映されるか」ということをあげていた。

ここで、業績とは何かという問題があるが、一般的に売上高および当期純利益のことを示すであろう。ただ、農業生産法人にとって、売上高および当期純利益は公開したくない情報であるため、筆者としても気を遣ったアンケート調査となった。

会計的知識を有する農業経営者は、会計的意識が高いが、高齢層の農業経営者は、年齢的な問題から会計的意識に関心が希薄であると予測した。これにともなって、会計的意識の有無は関係なく、若年層の経営状況は不安定であり、会計的意識を有する中堅層のみが安定しており、それ以外は現状維持と予測した。すなわち、若年層および中堅層で会計的意識が高ければ、業績に反映されると予測していた。

アンケート調査の結果から、業績とは関係ないが、資本金の平均金額では、Ⅰ型が1,780万円、Ⅱ型が687万円、Ⅲ型が2,979万円、Ⅳ型が1,738万円、Ⅴ型が2,975万円、Ⅵ型が1,848万円となっており（図表5-6）、いずれも会計的知識を有すれば、資本金の金額が高くなるという相関性が明確になっている。また、Ⅰ型が高く、Ⅱ型がその半分以下ということは、事業継承する際、数字に明るい人を代表にするという傾向が見受けられる。また、このことは、会計的意識を有すれば、積極的に投資を実行するともいえる。

1億円以上の売上高の農業生産法人の割合は、Ⅰ型が100％、Ⅱ型が62.5％、Ⅲ型が93.3％、Ⅳ型が88.6％、Ⅴ型が100％、Ⅵ型が81.2％となっている（図表5-8）。いずれも会計的知識を有すれば、売上高の金額が高くなるという相関性が明確になっている。

当期純利益がプラスであると回答した農業生産法人の割合は、Ⅰ型が66.6％、Ⅱ型が37.5％、Ⅲ型が46.6％、Ⅳ型が55.5％、Ⅴ型が71.4％、Ⅵ型が56.2％となっている（図表5-10）。中堅層に着目すれば、会計的知識を有すれば、必ずしも当期純利益がプラスになるというわけではない。ただし、中堅層では、当期純利益がマイナスと回答している農業生産法人は、Ⅲ型は0％であり、Ⅳ型は19％となる。このことを考慮すれば、会計的知識を有すれば、当期純利益は安定する傾向にある。

このように、農業経営者が会計的知識を有すれば、資本金の金額は増加する傾向にあり、法人自体の安全性は高くなるということが分かった。さらに、積極的な投資から規模の拡大にも繋がっているようである。そして、農業経営者の会計的知識の有無は、業績と相関性はあるように見受けられる。これは、会計的知識を有していれば、数字を読めるということから、会計的意識が必然的に働き、数字を考慮したうえでの経営を農業経営者が実行しているのであろう。

7-3. 農業経営者にとって会計的意識以外の必要な要因

7-3-1. 農業経営者の営業力および販売力の意識

第三のリサーチクエスチョンとして、「農業経営者にとって、会計的意識以外に必要な資質とは何か」ということをあげた。

農業生産法人のアンケート調査および大規模農業経営者のヒアリング調査から、農業経営者は会計的意識を有していた方が、積極的な農業経営を実行していることが分かった。そして、その結果が業績とも繋がってきている。

そこで、農業経営者にとって会計的意識以外に必要な要因とは、ヒアリング調査から分かるように、営業力および販売力があげられる。トップリバーの嶋崎氏は大手食品会社で営業を中心に勤務していた経緯もあり、営業力あっての成功であり、生産力よりも営業力にウェイトを置いたと述べている。そして、「100点+200点」理論という独自の理論を唱えている。従来の農業経営者は、生産物の生産技術の向上を図って100点を目指してきた。しかし、農業で利益を追求するならば、農業技術だけでは不十分であり、営業力および販売力に2倍の力を注ぐべきと述べている。具体的には、営業および販売セクションを有して売り込みをかけなければならず、嶋崎氏自体は生産には携わらないで、営業および販売のみを行っている。

グリンリーフの澤浦氏も販路の拡大を進める必要性はあると述べている。グリンリーフは、コンニャク芋の生産を起点として、7社を擁するグループに成長していることから、ただ生産物を生産したというわけではないことが分かる。これは六次産業化等による事業を分社化して、それぞれが特化しているのである。澤浦氏は生産物の品質にも拘りをもっており、良い生産物を生産すれば、必然的に顧客は増えると考えている。これは従来の農業経営者と一見同様にみえるが、規模を拡大していった経緯には、販路の拡大を試みたことは確かであろう。ただし、澤浦氏は飛び込みの営業はしないと述べている。

そして、モクモクファームの松尾氏、木村氏、吉田氏は、百貨店およびスーパー等への売り込み、カタログ販売、Web 等を活用して販路を拡大している。また、会員制にして顧客を逃がさない工夫もしている。これは伊賀山麓豚のブランド化ありきということから始まったため、当初から営業力および販売力が無ければ、ブランド化はないと考えていたのであろう。

また、小規模農業経営者のヒアリング調査から、すべての農業経営者が、大規模化および効率化に積極的ではなく、会計的知識および経営的知識には一切関心がないという農業経営者も多く、しかし一方では、企業での勤務を経験してきた農業経営者は、いかにして生産物を売り込むかということを検討しているのである。ただし、セカンドライフとしての農業経営であるため、年齢的にも販売力および営業力に対して積極的になれないという現状もある。

7-3-2. 農業生産法人の発展とリーダーシップが執れる企業形態

第三のリサーチクエスチョンにおいて、会計的意識以外に必要な資質として、強いリーダーシップを執るということも考えられる。大規模農業経営者のヒアリング調査から、それぞれの農業経営者が強いリーダーシップを有しており、農業経営者自身の意志で農業生産法人をリードしていき発展していったということが分かる。一般企業と同様に、リーダーシップが農業経営者にとって必要なことは理解できるであろう。

しかし、嶋崎氏は、農業生産法人には一般企業と違ってリーダーシップが執れる企業形態と執れない企業形態が存在するという。以下に企業形態を説明する。

(1) 数戸の個人事業主による農事組合法人

従来、数戸の個人事業主が、任意組合を組織しており、その組織を農事組合法人として法人化した農業生産法人である。図表 7-4 は、数戸の個人事業主が農事組合法人によって法人化したものを示した。

図表 7-4　数戸の個人事業主が農事組合法人によって法人化

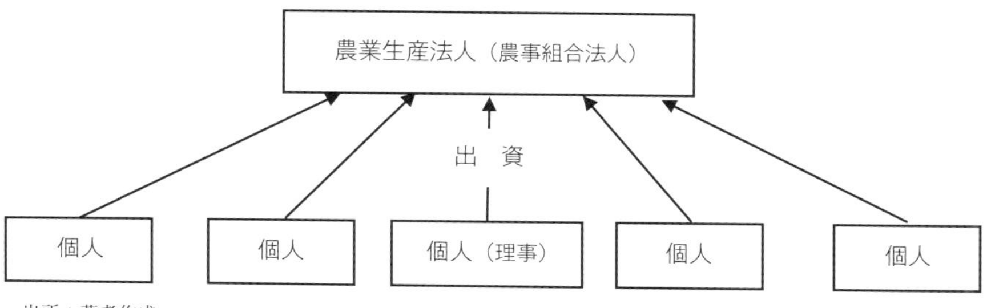

出所：著者作成。

個人事業主である組合員が出資して農事組合法人を組織化するわけだが、その中から、一人以上の理事を決定して法人の運営にあたることになる。ちなみに、農業に携わっていなければ組合員にはなれない。農事組合法人は、農業協同組合法第 74 条の 4 から規定されている[140]。経営の執行は理事が実行するが、それぞれ組合員が個人事業主であるため、組合員の意見が強く、理事が強いリーダーシップを執るということ、およびまとめることが困難である。既に述べたが、当初、モクモクは農事組合法人によって、理事たちの反対によって、組織を変更することになった経緯がある。

(2) 数戸の個人事業主による普通法人

従来、数戸の個人事業主が、任意組合を組織しており、その組織を普通法人として法人化した農業生産法人である。図表 7-5 は、数戸の個人事業主が普通法人によって法人化したものを示した。

例えば、株式会社の場合、個人事業主である株主が出資して株式会社を組織化するが、その中から、取締役および代表取締役を決定して法人の運営にあたることになる。当然、株式会社は会社法に縛られることになるので、一般企業と同様の扱いになる。しかし、農事組合法人と同様に、株主が個人事業主であれば、それぞれの株主の意見が強く、代表取締役が強いリーダーシップを執ることは困難である。ただ、農事組合法人と異なって、個人事業主ではない者を

(140) 正確には農業協同組合法第 72 条の 10 第 1 項第 2 号の農業経営事業に該当するため、2 号法人ともよばれている。

図表 7-5　数戸の個人事業主が普通法人によって法人化

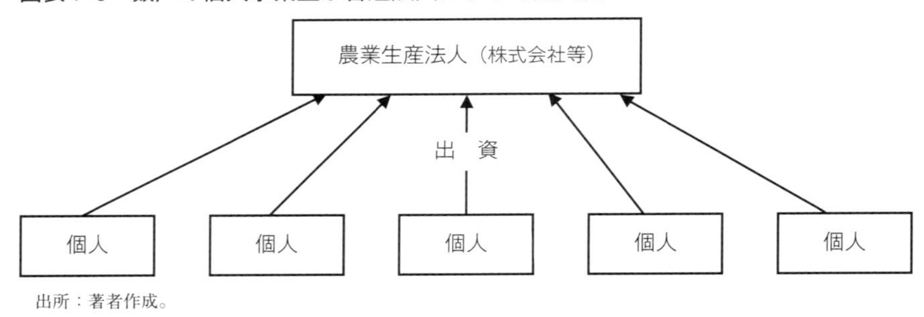

出所：著者作成。

図表 7-6　一戸の個人事業主が普通法人によって法人化

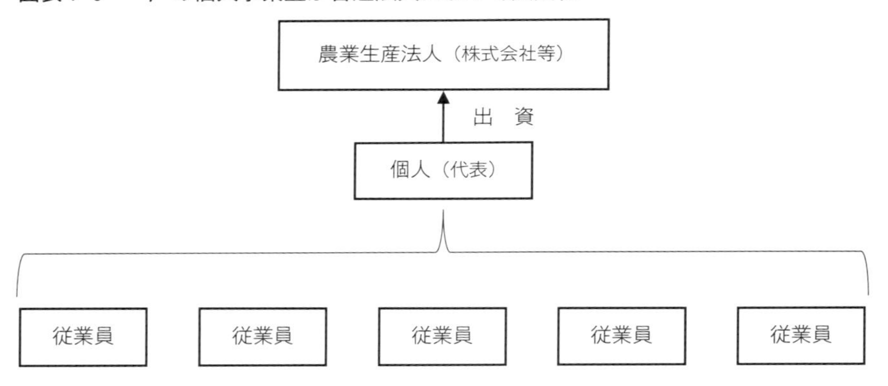

出所：著者作成。

株主または取締役として出資させることが可能であり、会社法の縛りがあることから、農事組合法人よりもリーダーシップを執りやすく、組織に変えていくことは可能である。

(3) 一戸の個人事業主による普通法人

一戸の個人事業主が、普通法人として法人化した農業生産法人である。図表7-6は、一戸の個人事業主が普通法人によって法人化したものを示した。

例えば、株式会社の場合、一戸の個人事業主である株主が出資して株式会社を組織化し、自らが代表取締役となって法人の運営にあたることになる。当然、株式会社は会社法に縛られることになる。また、法人設立当初、従業員を雇っていても株主となることはない。そのために、代表取締役は強いリーダーシップを執ることが可能である。

以上のように、三つの企業形態があると考えられるが、嶋崎氏は農業生産法人を発展させるためには、農事組合法人では難しいと明確に述べていた。これは個人事業主の意見が強すぎて、意見がまとまり難いという。したがって、普通法人のほうが、リーダーシップは執りやすく、さらに共同出資者が少ないほどリーダーシップが執りやすくなる。

ただし、グリンリーフのように、農業生産法人の発展のうえで事業を分社化すれば、企業形態も変更していかなければならない。澤浦氏も農業生産法人の規模が拡大すれば、リーダーシップも他の者に委託しなければならないと述べていた。モクモクファームでは、従業員も株主にして意見を言える環境づくりに努めており、トップリバーやグリンリーフとは、若干異なる。しかし、その中でも木村氏・吉田氏が、強いリーダーシップを執った結果としてさまざまな困難を乗り越えられたと考えられる。

7-3-3. 農業経営者の顧客ニーズの認識

第三のリサーチクエスチョンにおいて、会計的意識以外に必要な資質として、ニーズの認識ということも考えられる。従来は、農業経営者は、生産物を農業協同組合に出荷していればよかったのである。品質の良い生産物を生産するための生産技術を高めていくのみであったが、その後、農業経営者は農産物のブランド化および六次産業化に関心をよせることになる。アンケート調査からも、多くの農業経営者が関心をもっていることが分かるであろう。

六次産業化については、規格外の生産物を加工して製品として販売しようとするが、成功に繋がるのは一握りである。国策として六次産業化を推進しているが、上手くいっていないのが現状である。嶋崎氏は、六次産業化には関心がないと明確に述べていた。

一般に、農業経営者は生産物の生産のプロフェッショナルではあるが、経営のプロフェッショナルではない。大規模化および効率化を前提とすれば、農業

図表7-7　六次産業化による製品に対するニーズ

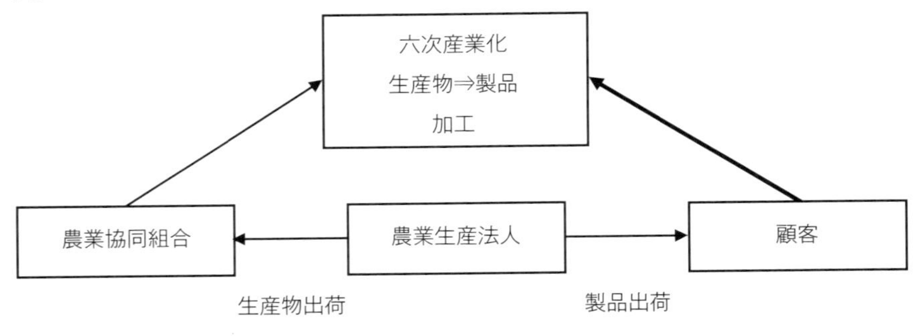

出所：著者作成。

生産法人の発展において経営のプロフェッショナルという意識も必要となる。そこで、会計的意識、営業力および販売力の意識、リーダーシップを執れる企業形態以外に顧客ニーズの認識が必要不可欠である。そこで、図表7-7は、六次産業化による製品に対するニーズを示した。

生産物を農業協同組合に出荷するならば、従来の生産物を生産することが顧客のニーズに合致している。したがって、さらに品質の良い生産物を生産していけば済む。一方、生産物を加工した製品だが、顧客に販売するならば、顧客のニーズに合致した製品でなければならない。同様のメーカーが製造した既存の製品がスーパーにはたくさん陳列されている。

規格外の生産物を加工して製品を製造するということは、顧客のニーズを無視しているのである。したがって、生産物ありきではなく、顧客が欲する製品に適応した生産物を生産しなければならない。この点は、澤浦氏も同様のことを述べている。さらに、松尾氏は、顧客の意見を具現化していったとも述べている。当然、組織の内情も勘案しなければならないが、顧客ニーズの認識も農業経営者には必要である。

7-4. 農業生産法人の展開による将来的展望

7-4-1. 農業生産法人の展開におけるプロセス

第四のリサーチクエスチョンとして、「農業経営者はいかに農業経営を大規模化および効率化していけばよいのか」ということをあげていた。

農業生産法人の発展において、個人事業主である萌芽期以前、農業生産法人として法人化した初期の萌芽期、農業生産法人として安定時期である成長期、農業生産法人として拡大を図っている成熟期、最後に、農業生産法人を中心とした集積による成熟期以降という区分をして検討してみた。そして、これらには、農業経営の大規模化および効率化を実現するためのプロセスが存在すると考えられる。図表 7-8 は、農業生産法人の発展における各区分でのプロセスを示した。

図表 7-8　農業生産法人の発展におけるプロセス

<table>
<tr><th></th><th>組織形態</th><th>生産技術</th><th>販売力および営業力</th><th>生産量</th></tr>
<tr><td>萌芽期以前</td><td>個人事業主</td><td rowspan="2">市場に対する確かな生産技術が必要</td><td>意識なし</td><td>意識なし</td></tr>
<tr><td>萌芽期</td><td rowspan="3">法人化</td><td rowspan="2">販路の拡大を意識</td><td rowspan="2">増量を意識</td></tr>
<tr><td rowspan="2">成長期</td><td>生産技術の分業</td></tr>
<tr><td rowspan="2">製品のための生産技術も必要</td><td rowspan="3">販路の拡大を実施</td><td rowspan="2">積極的投資による増量を意識</td></tr>
<tr><td>成熟期</td><td>分社化</td></tr>
<tr><td>成熟期以降</td><td>クラスター化の検討</td><td>輸出も踏まえた生産技術</td><td>さらなる投資による増量を意識</td></tr>
</table>

<table>
<tr><th></th><th>六次産業化</th><th>人材確保</th><th>リーダーシップ</th><th>会計的意識</th></tr>
<tr><td>萌芽期以前</td><td>意識なし</td><td>問題なし</td><td>必要なし</td><td>意識なし</td></tr>
<tr><td>萌芽期</td><td rowspan="2">意識</td><td>パート等の雇用</td><td>必要</td><td>意識すべき</td></tr>
<tr><td>成長期</td><td>従業員の雇用</td><td rowspan="2">強いリーダーシップが必要</td><td rowspan="3">会計的意識が必要</td></tr>
<tr><td>成熟期</td><td>実施</td><td>人材確保が困難</td></tr>
<tr><td>成熟期以降</td><td>輸出を踏まえた六次産業化を意識</td><td>地域に企業としての雇用を生む</td><td>リーダーシップの委託</td></tr>
</table>

出所：著者作成。

組織形態については、成熟期になると農業生産法人の規模が拡大され、事業別の分社化をするか否かを検討しなければならない。そして、成熟期以降には、農業生産法人を中心とした集積を検討していかなければならない。すなわち、クラスター化である。ただし、ポーターが唱えるクラスター戦略論のようなクラスター化は、まだ遠い将来だと考えられる。まず、効率性を前提としたマーシャルおよびウェバーが唱える集積を検討すべきである[(141)、(142)]。

生産技術については、萌芽期までは市場に対する生産物の確かな生産技術のみを必要とするが、生産技術の分業化を要することになる。六次産業化を試みれば、その製品に適応した生産物の生産技術が必要となる。そして、成熟期以降は、輸出も考慮した生産技術を検討する。

販売力および営業力については、萌芽期以前は販売力および営業力は意識しなくてよいが、法人化してからは、販路の拡大を検討する必要性がある。そして、農業経営の大規模化および効率化を目指すならば、販路の拡大を具体的に実施しなければならない。生産量も販路が拡大するにともなって増加していく。

六次産業化については、法人化すれば意識することになる。そして、成熟期には、六次産業化の実施を検討することになる。もし、六次産業化を実施しないならば、生産物のブランド化を試みることになる。そして、成熟期以降には、輸出を踏まえた生産物の六次産業化またはブランド化を試みるべきであろう。

人材確保については、大規模化および効率化が進むにしたがって、パートから従業員の雇用と移行していくが、担い手不足ということもあり人材確保が困難になってくる。これは大規模農業が抱える問題でもあり、この打開策として独立支援プロジェクトを実施する。ちなみに、トップリバーもグリンリーフも

(141) 稲水伸行、若林隆久、高橋伸夫（2007）「産業集積論と〈日本の産業集積〉論」『赤門マネジメント・レビュー』6巻9号 p.387-389。

(142) 松原宏（1999）「集積論の系譜と『新産業集積』」『人文地理学研究』東京大学、第13巻、pp.85-86。

実施している。さらに、集積が進みクラスター化すれば、その地域に雇用を生むことになる。

農業経営者のリーダーシップについては、農業生産法人の大規模化および効率化を前提とすれば、リーダーシップは必要となる。ただし、本格的に大規模化および効率化を図るならば、さらに強いリーダーシップが必要であるが、成熟期には、一人のリーダーシップで法人をまとめることは困難になる。したがって、リーダーシップを他の者に委託して分散する必要性が生じてくる。

最後に、会計的意識については、萌芽期以前は会計的意識を意識する必要はないかもしれない。しかし、法人化してからは会計的意識を意識すべきであり、本格的に大規模化および効率化を図るならば、会計的意識は必要となるであろう。

このように、農業生産法人の発展において、それぞれの段階のプロセスで農業経営者にとって必要な意識が存在すると考えられる。

7-4-2. 農業生産法人の将来的展望と小規模経営農業

前述したように、近年、農業経営の法人化が進み、農業生産法人数が急激に増加しており、担い手不足の打開策としての法人化が多い。しかし、これらの農業生産法人のうち現状維持の法人と大規模化および効率化を試みる法人の二極化が生じている。

また、政府は補助金を交付して、わが国の農業を生かしている側面もある。農業の収入の半分以上は補助金と揶揄する者もいる。そして、担い手確保・経営強化支援事業として、若者に対してさまざまな補助金が準備されている。これらの補助金に対して否定的な意見もあるかもしれない。

TPPへの交渉参加が決定し、将来的に安価な生産物が輸入されるならば、それに対抗する力を準備しておかなければならない。関税が廃止された安価な生産物は、わが国の生産物の価格とは比較にならないといわれている。そのために、わが国の品質の高い生産物を輸出して外貨を獲得するという方法もある。すなわち、ジャパン・ブランドのブランド化である。ちなみに、2016年の輸出額は4,432億円であった[143]。この金額は決して高いとはいえず、昨年度と比較して24.2%の減少である。わが国と同様の品質の生産物は、米国または中国でも既に生産され海外では目新しいものではない。

したがって、海外の安価な生産物に対抗するならば、高い品質の生産物を大量に生産して価格を下げていくしかない。農業経営の大規模化および効率化である。海外の生産物には残留農薬が付着しており安全性の問題がある。したがって、これから大規模化および効率化を試みる農業生産法人には、高品質、安全性、大量生産の三つを目指した生産物の生産を期待している。ただし、大量生産のために、安全性が損なわれることがないようにしなければならない。

そして、この大規模化および効率化の次に試みるものは、集積であると考えられる。すなわち、クラスター化である。現在、農林水産省が地域における食料産業クラスターを推進しているが、六次産業化またはブランド化の延長であり、ポーターが唱えるクラスター戦略とは程遠い感じである。しかし、オランダ式の農業を模倣した農業生産法人と大手食品小売企業を中心とした食料産業クラスターが完成するならば、その地域には雇用を生み地域振興に繋がるであろう。

国策として大規模化および効率化を支援する必要性がある一方で、小規模農業経営を保護する必要性もあると考えられる。地域経済という側面において、小規模農業経営者は重要な意義を担っている。先祖代々の農地を守って農業を生業としている小規模農業経営者は現金収入がさほど多くなくても十分幸せに生活しているのである。そして、その地域の文化、祭礼、伝統、景観等を守り続けてきたのである。当然、その地域を若者は出ていき、農業従事者の高齢化し過疎化は進む一方だが、ここに高齢者に対する雇用があるとも解釈できる。約170万人の60歳以上の雇用が地域に存在しているのである。

このような地域の保護を廃止すれば、一気に約170万人の雇用は消滅する。

---

(143)　農林水産省ホームページ「『平成27年農林水産物・食品の輸出実績』について」http://www.maff.go.jp/j/press/shokusan/kaigai/160202.html（最終検索日：2017年10月10日）

農業生産法人の大規模化および効率化が必然であれば、このような小規模農業経営者が消滅していくことも自然なことかもしれない。ただ、このような農業経営者は、安全な生産物を生産し続ける担い手であることも忘れてはならないのである。

今後、安全性という問題が重要となるが、この安全性を社会で守っていくべきである。1974年に、茨城県石岡市で「たまごの会」という組織が設立された。これは、大学教授、社会活動家、主婦等の有志が、食の安全性を懸念して、農園の運営を住み込みで始めた(144)。このように、私たち自らが食する生産物の安全性を考え、その生産物を生産する農家を、われわれで支えることが必要になってきているのかもしれない。

---

(144) 現在も茨城県石岡市柿岡に「organic fram 暮らしの実験室」として農場は存在する。

解　題

原　陽一郎

（元東レ経営研究所社長、元長岡大学学長、元研究・イノベーション学会会長）

本書は、今日の農業経営の問題点を会計学の視点から追求した筆者らの調査研究の成果である。農業経営については、私の知る限り、これまで経営学者が取り上げた例は少なく、会計学的視点からの問題提起は珍しい。近年の国際化等の農業をとりまく経営環境変化に対して、農業経営者には変化対応のマネジメントが求められており、本書はその道標として、会計の意識・知識を経営に活かすことの重要性を提示している。

企業経営においては、経営資源の適正な配分に当たって会計学的視点での分析、考察は不可欠の重要事項である。そのために、一般の企業では、管理部、経理部などの部署に簿記・会計の専門家を配置して、経営者の意思決定を支援する体制を取っている。私自身も大手企業（東レ本社）でトップ・マネジメントの戦略スタッフの職にあった時期、経営学、会計学、マーケティングを独学で学習して、仕事に生かしてきた。少人数で構成される農業生産法人においては、本書が指摘するように、経営の責任者自身が会計学の正しい知識と的確な分析力を持つことが重要であることは容易に理解できる。これからは、大規模農業経営者にとってはもちろんのこと、中小零細の農業経営者にとっても会計の意識・知識に基づく分析や考察は必須である。

著者の桂信太郎氏、田邉正氏は、私が長岡大学（新潟県長岡市）の学長として、地域社会との連携を特徴とする大学において目指す改革に取り組んでいた時に、多数の応募者の中から審査を経て採用された教員である。

桂氏は愛媛大学大学院で博士号（学術）を取得、経営学と会計学の両側面から地域企業を調査研究し、農業経営にも関心を持つ珍しいタイプ、田邉氏は財務会計を専門としながら農業会計に興味を持ち、これらの知識を軸に学生と共に地場産業の課題解決に積極的に取り組むタイプ、共に長岡大学らしい教育研究と地域社会連携事業で力を発揮してもらった。また、桂氏は招聘されて高知工科大学に転じた後、同学が開く内閣府連携公開プログラム「地域活性化システム論」実施の中心的役割を果たし、清成忠男先生（法政大学元総長）や同学の那須清吾教授らと共に、中央省庁官僚や第一線で活躍する研究者や経営者を全国から招聘しながら講座運営した。田邉氏はその桂氏の下で、研究者として実績を積んできたのである。

このような二人が作り上げたのが本書である。農業は地域にもっとも密着した産業であり、六次産業化によって付加価値生産額を大幅に増やす可能性を十分に秘めている。地域の活性化にとって農業経営の生み出す付加価値の重要性やニーズはますます高まるだろう。本書は農業経営の成功と発展に大いに役立つに違いない。

おわりに

本書は、「農業経営者に必要とされる会計的意識と経営的意識」というテーマで論じてきたわけだが、農業生産法人の展開ということで、農業経営の大規模化および効率化を前提にして、四つのリサーチクエスチョンを設定したうえで、農業経営者の会計的意識を中心に論述してきた。その結果、環境的変化と会計制度的問題、農業経営者の会計的意識、会計的意識以外の必要な要因という三つの側面からの影響を考察した。

第一のリサーチクエスチョンとして、「農業経営者の年齢層によって会計的意識が異なるのではないか」ということをあげた。若年層は、比較的に会計的知識を有していたが、財務上の数字の関心および具体的な財務分析への関心は希薄であることが分かった。これは、代表に選ばれてから年数が経っていないから、規模の拡大ということまで意識が廻らないのであろう。一方、中堅層は代表に選ばれてから年数も経ち、規模の拡大を図って、会計的知識および経営的知識を積極的に学習した結果として、財務上の数字の関心および具体的な財務分析への関心を有したと考えられる。そして、高齢層も同様なことがいえる。これは予想と大きく反した結果となった。

第二のリサーチクエスチョンとして、「農業経営者の会計的意識が高ければ、業績にいかに反映されるか」ということをあげた。農業経営者が会計的知識を有すれば、資本金の金額は増加する傾向にあり、法人自体の安全性は高くなるということが分かった。さらに、積極的な投資から規模の拡大にも繋がっているようであった。また、農業経営者の会計的知識の有無は、業績と相関性はあるように見受けられた。これは、会計的知識を有していれば、数字を読めるということから、会計的意識が必然的に働き、数字を考慮したうえでの経営を農業経営者が実行しているのであろう。

第三のリサーチクエスチョンとして、「農業経営者にとって、会計的意識以外に必要な資質とは何か」ということをあげた。本研究において、営業力および販売力、リーダーシップ、顧客ニーズの認識という三つの要因が分かった。まず、良質な生産物の生産技術は当然のことである。そして、この生産物を売り込む力が必要である。すなわち、営業力および販売力である。いくら良質な生産物でも待っているだけでは業績に繋がらない。Web 等の媒体を活用するのも一つの手段だが、人が営業として行動しなければ販路は拡大しない。次に、農業経営者が強いリーダーシップを執らなければ、農業生産法人の発展はない。そのためには、リーダーシップが執れる組織化も必要である。最後に、規格外の生産物を加工して製品を製造するということは、顧客のニーズを無視している。したがって、生産物ありきではなく、顧客が欲する製品に適応した生産物を生産しなければならない。顧客の意見を具現化していけば業績に繋がる。

第四のリサーチクエスチョンとして、「農業経営者はいかに農業経営を大規模化および効率化していけばよいのか」ということをあげた。農業生産法人の発展において、個人事業主である萌芽期以前、農業生産法人として法人化した初期の萌芽期、農業生産法人として安定時期である成長期、農業生産法人として拡大を図っている成熟期、最後に、農業生産法人を中心とした集積による成熟期以降というように区分すれば、農業経営の大規模化および効率化を実現するためのプロセスが存在する。組織形態においては成熟期に分社化というものを検討する必要性がある。そして、延長線上に、成熟期以降として、地域の雇用を創生するために、クラスター化がある。生産技術においては、成長期に事業の分業化を検討しなければならない。これが既述した分社化と繋がる。営業力および販売力においては、農業経営の大規模化および効率化を考えれば、法人化と同時に販路を拡大していかなければならない。また、販路の拡大を考慮して、生産量も意識する必要性があるだろう。さらに、売上高を伸ばすには、高い付加価値を付けるための六次産業化およびブランド化も意識する必要性がある。そして、大規模化がなされれば、それにともなって、人材確保が困難になる。ただし、成熟期以降、クラスター化を試みれば、その地域に雇用を創生する可能性がある。リーダーシップにおいては、成熟期には、一人のリーダーシップで法人を纏めることは困難になる。したがって、リーダーシップを他の者に委託して分散する必要性が生じてくる。そして、会計的意識においては、農業経営者であれば、意識すべきである。

リサーチクエスチョン以外に、会計制度的問題の影響は大きいかと考えられる。六次産業化が推進されれば、会計は複雑化することになる。農業経営者は、税理士等に帳簿は任せればよいという考えの者もいるかもしれないが、これでは農業生産法人の発展は見込まれない。したがって、農業経営者は必然的に会計的知識が必要となり、「数字を読む」という財務マネジメントのセンスが必要とされる。また、企業会計基準のコンバージェンスによって、将来的にIAS 第41号「農業」に準拠した会計基準を設ける必要性が生じると予測される。したがって、わが国の慣習的会計処理である取得原価から公正価値への変更、さらに、公正価値を使用した収穫基準の適用を検討していかなければならない。ただし、収穫基準の適用には、利益操作の可能性を孕んでいることから、租税回避も懸念される。

最後に、農業経営の大規模化および効率化を前提に論じてきたが、小規模農業経営者にヒアリング調査を実施し、必ずしも大規模化および効率化が良しというわけではないことにも気付かされた。地域経済の側面から、約170万人の雇用を生み出しており、さらに確実な食の安全というものを提供しているのである。海外の安価な生産物に対抗するならば、将来的に大規模化および効率化はやむを得ないかもしれない。しかし、一方で、食の安全と高齢者の雇用を確保する必要性もあるのではないだろうか。いずれは高齢者による農家は、消滅するけれども、食の安全を考えて、われわれが政府任せではない社会的仕組みを創らなければならないと思う。

本研究および本書の刊行にあたって、主査の桂信太郎先生には誠に感謝しております。5年前に、学位取得のため、再度、大学院博士後期課程に入学しようと考え、桂先生にご相談したところ、「一緒に研究しましょうか」とご返事して下さったことを今でも憶えています。その後、さまざまなアドバイスを頂戴いたしました。また、論文の進捗を気にして、学会での報告を促して下さり、その都度、論文作成、そして、学会報告というように、ペースメーカーの役割もして下さいました。私の気持ちが萎えて大学院を辞めようと思い、半年間、全く研究ができない時期も、集合ゼミだけではなく、頻繁に、電話で状況を聞いて励まして下さいました。本当にいろいろなことがあり、謝辞の意だけでは言い表せません。

そして、高知工科大学大学院の先生方には誠に感謝しております。那須清吾先生には、研究について適格なご指摘を頂戴し、私の研究に対しての認識を見つめ直す機会を頂いたことに感謝しております。私は従来の文献を中心とした研究スタイルを良しと考えておりました。しかし、那須先生の研究方法論をお聞きし、従来の文献中心のスタイルでは限界があることを知りました。すなわち文系の研究スタイルから理系の研究スタイルに時代は移っているということです。那須先生にご指摘を頂戴する度に悩み筆が止まる次第でした。那須先生からのご指摘が、再度、研究に対して真摯に向き合わせてくれたと思っております。

渡邊法美先生には、桂先生から温かく見守って下さっていたことをお聞きしております。渡邊先生からのお気遣いある一言が無ければ、本書は完成しなかったと思っています。誠に感謝しております。上村浩先生には、会計分野をご専門に研究されており、いつも適切なアドバイスを頂戴いたしまして感謝しております。また、唯一の会計のご専門家ということで、アドバイスだけではなく、会計的背景も踏襲されたうえで、いつもフォローをして頂きまして、大変恐縮しておりました。そして、永野正展先生には、農業の展開における私の視点を変えて頂きまして感謝しております。農業経営の大規模化および効率化だけを前提にして、本書を執筆しておりましたが、永野先生のコメントによって、小規模農業経営者のヒアリング調査も試みました。このヒアリング調査によって、地域経済と農家の関係、高齢者の雇用問題、食の安全、社会的な農業支援というものも知ることができ、本書の内容に幅ができたと感じております。

また、本研究に際して、貴重な時間を割いてヒアリング調査に協力して頂いた有限会社トップリバー代表取締役社長 嶋崎秀樹氏、グリンリーフ株式会社代表取締役社長 澤浦彰治氏、株式会社伊賀の里モクモク手づくりファーム代表取締役 松尾尚之氏、神奈川県足柄上群大井町の農家の方々、茨城県牛久市のポケットファームどきどきつくば牛久店の農家の方々には心から感謝しております。そして、アンケート調査に回答して頂いた全国の農業生産法人の代表者方々には、心からお礼を申し上げたいと思います。

本書の出版にあたり、多大な助言等をいただいた株式会社千倉書房編集部の山田昭氏には本当に感謝しています。山田昭氏の助言がなければ本書は完成しませんでした。そして、本書の出版の機会をいただいた神谷竜介編集部長にも感謝申し上げます。

最後に、他人から見れば自己満足かもしれない博士課程の進学を許してくれた妻の浩美と息子の瑞希にも心から感謝したい。

2018年9月

松山東雲短期大学准教授　田邉　正

参考文献

【著書】

IFRS財団編、企業会計基準委員会、公益財団法人財務会計基準機構監訳（2012）『国際財務報告基準（IFRS®）2012』中央経済社。

石井健次（1996）『IAS国際会計基準』日刊工業新聞社。

石原健二（2008）『農業政策の終焉と地方自治体の役割―米政策・公共事業・農業財政―』農山漁村文化協会。

石倉洋子、藤田昌久、前田昇、金井一頼、山﨑朗（2003）『日本の産業クラスター戦略―地域における競争優位の確立』有斐閣。

一ノ瀬友博（2010）『農村イノベーション―発展に向けた撤退の農村計画というアプローチ―』イマジン出版。

井出万仁（2012）『これならできる！農業法人設立と運営のすべて』農山漁村文化協会。

稲本志良編集代表、小野博則、四方康行、横溝功、浅見淳之編集（2012）『農業経営発展の会計学―現代、戦前、海外の経営発展―』昭和堂。

稲盛和夫（2000）『稲盛和夫の実学―経営と会計―』日経ビジネス人文庫。

井端和男（2009）『最近の逆粉飾―その実態と含み益経営―』税務経理協会。

――（2010）『最近の粉飾―その実態と発見法―』第3版、税務経理協会。

――（2012）『最新粉飾発見法―財務分析のポイントと分析事例―』税務経理協会。

井原久光（2013）『テキスト経営学［第3版］基礎から最新の理論まで』ミネルヴァ書房。

荏開津典生（2008）『農業経済学』第3版、岩波テキストブックス。

大泉一貫（2009）『日本の農業は成長産業に変えられる』洋泉社。

――（2012）『日本農業の底力―TPPと震災を乗り越える！』洋泉社。

――編（2014）『農協の未来―新しい時代の役割と可能性―』勁草書房。

岡本清（1980）『原価計算（三訂版）』国元書房。

片野一郎（1983a）『新簿記精説（上巻）―簿記の理論と実務の精講―』同文舘出版。

――（1983b）『新簿記精説（下巻）―財務会計の理論と実務の精講―』同文舘出版。

金子宏（2012）『租税法　第17版』弘文堂。

木村修、吉田修、青山浩子（2011）『新しい農業の風はモクモクからやって来る』商業界。

木村伸男（2008）『現代農業のマネジメント―農業経営学のフロンティア―』日本経済評論社。

楠本雅弘（1998）『複式簿記を使いこなす―農家の資金管理の考え方と実際―』農山漁村文化協会。

工藤賢資、新井肇（1993）『農学基礎セミナー　農業会計』農山漁村文化協会。

神門善久（2012）『日本農業への正しい絶望法』新潮新書。

櫻井通晴（2009）『管理会計』第4版、同文舘出版。

澤浦彰治（2010）『小さく始めて農業で利益を出し続ける7つのルール―家族農業を安定経営に変えたベンチャー百姓に学ぶ―』ダイヤモンド社。

七戸長生（2000）『農業の経営と生活（農学基礎セミナー）』農山漁村文化協会。

嶋崎秀樹（2013）『農業維新―「アパート型農場」で変わる企業の農業参入と地域活性』竹

書房。
嶌村剛雄編（1992）『国際会計論』第2版、白桃書房。
生源寺眞一（2011）『日本農業の真実』ちくま新書。
鈴木武、林田雅夫、須飼剛朗（2012）『知らなきゃ損する新農家の税金』第10版、農山漁村文化協会。
鈴村源太郎（2008）『現代農業経営者の経営者能力―わが国の認定農業者を対象として―』農山漁村文化協会。
中央監査法人編（1999）『国際会計基準実務ハンドブック―最新コア・スタンダードを網羅』中央経済社。
暉峻衆三編（2003）『日本の農業150年―1850～2000年』有斐閣ブックス。
戸田龍介編著（2014）『農業発展に向けた簿記の役割―農業者のモデル別分析と提言―』中央経済社。
中野剛志（2011）『TPP亡国論』集英社新書。
中村忠（1987）『新版　財務諸表論セミナー』白桃書房。
羽多實（2010）『新・日本農業の実際知識―希望もてる日本農業―』全国農業会議所。
浜田宏一（2013）『アベノミクスとTPPが創る日本』講談社。
林直樹、齋藤晋編著（2010）『撤退の農村計画　過疎地域からはじまる戦略的再編』学芸出版社。
林田雅夫、須飼剛朗（2008）『農業経営組織の実務と会計―任意の組合から法人まで―』農山漁村文化協会。
速水佑次郎、神門善久（2002）『農業経済論』新版、岩波書店。
平岡豊著、全国農業会議所編（2011）『実践型農業マーケティング―基礎から学んで、現場で活かせる！』全国農業会議所。
広瀬義州（2008）『財務会計』第8版、中央経済社。
――（2011）『財務会計』第10版、中央経済社。
廣宮孝信著、青木文鷹監修（2011）『TPPが日本を壊す』扶養社新書。
福島邦子、福島公夫（2013）『農家・法人の労務管理―正社員からパート・実習生まで―』農山漁村文化協会。
古塚秀夫、高田理（2012）『改訂 現代農業簿記会計』農林統計出版。
マイケル・E・ポーター著、竹内弘高訳（1999）『競争戦略論Ⅱ』ダイヤモンド社。
舛田精一（1989）『財務諸表の見方』改訂版、中央経済社。
松井泰則（1992）『国際会計関係論―「国際化」から「国際性」への財務会計的展開―』白桃書房。
ミューラー、ガーノン、ミーク著、野村健太郎、平松一夫監訳（1999）『国際会計入門』第4版、中央経済社。
三義智章（1983）『企業診断の勘どころ―貸借対照表・損益計算書・資金運用表分析の着眼点―』中央経済社。
森田松太郎（1990）『経営分析入門（ビジネス・ゼミナール）』日本経済新聞社。
森本秀樹（2009）『ステップアップ集落営農―法人化とむらの和を両立させる―』農山漁村文化協会。
八木宏典監修（2011）『プロが教える農業のすべてがわかる本―日本農業の基礎知識から世界の農と食まで：史上最強カラー図解―』ナツメ社。

山下祐介（2012）『限界集落の真実―過疎の村は消えるか？』ちくま新書。
有限責任監査法人トーマツ訳（2012a）『国際財務報告基準（IFRS）詳説 iGAAP2012』第1巻、レクシスネクシス・ジャパン。
――（2012b）『国際財務報告基準（IFRS）詳説 iGAAP2012』第2巻、レクシスネクシス・ジャパン。

【論文】

秋葉賢一（2013）「IFRSにおける農業の会計―限定的な改正案―」『週刊経営財務』No.3138, pp.20-23。
阿部亮耳（1977）「農業経営における標準原価計算」『農業計算学研究』第10号, pp.23-35。
――（1978）「農業経営における直接原価計算」『農業計算学研究』第11号, pp.20-28。
――（1984）「農業の税務会計における簡略性」『農業計算学研究』第17号, pp.1-12。
――（1986）「会計公準、会計原則と農業会計」『農業計算学研究』第18号, pp.1-12。
――（1990）「農業簿記研究施設32年間の回顧と展望」『農業計算学研究』第22号, pp.159-176。
稲水伸行、若林隆久、高橋伸夫（2007）「産業集積論と〈日本の産業集積〉論」『赤門マネジメント・レビュー』6巻9号, pp.381-412。
稲本志良（1990）「農業法人における会計の課題と方法―農業生産法人の管理会計を中心に―」『農業計算学研究』第22号, pp.13-21。
浮田泉（2012）「フードビジネスに関わる会計基準―IAS第41号及びIFRS for SMEs第29号を中心として―」『関西国際大学研究紀要』第13号, pp.57-64。
太田康広（2007）「会計基準間の競争とコンバージェンス」『企業会計』Vol.59, No.3, pp.129-141。
大室健治、新沼勝利（2006）「農業会計システムの構造と機能の変化」『農村研究』第103号, pp.14-24。
香川文庸（2009）「農業経営における情報開示のインセンティブ―会計コミュニケーション論に基づくアプローチ―」『生物資源経済研究』No.14, pp.123-140。
川西安喜（2011）「公正価値測定に関する新会計基準」『会計・監査ジャーナル』No.672, pp.55-59。
川原尚子（2012）「農業活動における公正価値測定の意味合い―国際会計基準（IAS）第41号『農業』―」『商経学叢』第59巻第1号, pp.195-207。
菊地泰次（1969）「経営分析における成果指標とその役割」『農業計算学研究』第3号, pp.9-19。
榊原英夫（2013）「U.S.GAAPとIFRSのコンバージェンスの変遷（1）」『立正経営論集』第46巻第1号, pp.1-18。
鈴木雄一郎（2012）「IFRS導入に必要となる原則主義の理解」『四国大学経営情報研究所年報』No.17, pp.61-72。
田邉正（2009）「農業会計における複式簿記の基礎（1）―農業会計の財産計算と損益計算について―」『地域研究』第9号, pp.157-165。
――（2010）「農業会計における複式簿記の基礎（2）―農業経営における企業形態と農業会計の簿記一巡について―」『長岡大学研究論叢』第8号, pp.59-69。
――（2011）「農業会計における複式簿記の基礎（3）―開業貸借対照表及び流動資産の記帳

について―」『地域研究』第10号, pp.127-137。
飛田努、岸保宏（2012）「農業法人における会計管理の実際―農事組合法人さだしげにおける複式簿記の導入を事例として―」『熊本学園大学会計専門職紀要』第3巻, 71-87。
永利和裕、古塚秀夫（2006）「国際会計基準第41号『農業』のわが国への適用上の課題について―農産物および自己育成資産を中心として―」『農林業問題研究』第42巻第1号, pp.60-64。
浜松翔平（2009）「シリコンバレーとルート128における地域産業システムのその後の展開―経営学輪講 Saxenian（1994）―アナリー・サクセニアン」『赤門マネジメント・レビュー』8巻3号, pp.113-128。
林田浩（2006）「生物資産の測定に関する一考察―国際会計基準書第41号の検討を中心として―」『共栄大学研究論集』第4号, pp.71-83。
原田誠司（2009）「ポーター・クラスター論について―産業集積の競争力と政策の視点―」『長岡大学研究論叢』第7号, pp.21-42。
古塚秀夫、源田佳史（2008）「農業経営の財務パフォーマンス―農業会計の到達点とこれからの課題―」『農林業問題研究』第44巻第3号, pp.425-435。
古永義尚（2009）「産業集積がもたらす外部経済効果を支えるもの―産地の企業事例が示す企業間関係を調整する『ルール』の重要性―」中小企業金融公庫総合研究所編『中小企業総合研究』第9号, pp.68-88。
何暁嵐（2008）「現代農業法人の財務管理に関する研究」岩手大学リポジトリ
http://ir.iwate-u.ac.jp/dspace/bitstream/10140/2826/1/renken-no430.pdf
松原宏（1999）「集積論の系譜と『新産業集積』」『人文地理学研究』東京大学、第13巻, pp.83-110。
宮嵜晃臣（2005）「産業集積論からクラスター論への歴史的脈絡」『専修大学都市政策研究センター論文集』第1号, pp.265-288。
望木隆史、大矢四十六（2005）「農業経営の財務的成長要因に関する一考察―北海道岩見沢市A法人のキャッシュ・フロー計算書を利用して―」『農村研究』第101号, pp.66-78。
山内良一、岩尾悠久（2011）「わが国農業における『担い手』の現状と課題―熊本県の営農事例を素材として―」『産業経営研究』30巻, pp.43-62。
吉田洋（2008）「フードビジネスのための会計基準―IAS第41号における認識と測定に関する検討―」『名古屋文理大学紀要』第8号, pp.135-139。

【報告書】

経営戦略工学研究センター編（2004）『農業経営診断実務マニュアル～経営診断手法入門～』社団法人中小企業診断士協会。
国税庁長官官房企画課公表（2013）「民間給与実態統計調査―調査結果報告―」国税庁。
――（2017）「民間給与実態統計調査―調査結果報告―」国税庁。
新浪剛史（2014）「『農業の産業化』に向けて《今後の重点農政改革に係る提案》（概要説明資料）」産業競争力会議農業分科会。
農林水産省（2009）「農業構造及び所得の動向」農林水産省2009年2月。
――（2017）「平成28年度 食料・農業・農村の動向」農林水産省第193回国会提出資料。
農林水産省公表（1998）『農政改革大綱』農林水産省。
農林水産省大臣統合統計部公表（2015）「農林水産省統計　平成27年農業総産出額及び生産

農業所得（全国）」農林水産省。
——（2016）「農林水産省統計　平成28年新規就農者調査の結果」農林水産省。
——（2017a）「農林水産基本データ集　農家に関する統計」農林水産省。
——（2017b）「農林水産省統計　平成29年農業構造動態調査—農産物の生産を行う法人組織経営体は増加し、農業経営体の1経営体当たりの経営耕地面積も拡大—」農林水産省。
——（2017c）「農林水産省統計　平成29年耕作面積」農林水産省。
農林水産省統計部（2013）『農業構造動態調査』農林水産省。
藤野洋（2016）『新しい産業集積としてのクラスターによる地域活性化—多様な主体との連携のためのクラスター・マネジメントの重要性』一般財団法人商工総合研究所。
みずほコーポレート銀行産業調査部（2012）「農業クラスター〜アグリシティによる農業再生と新たな産業の創出〜」『みずほ産業調査』Vol.39。

【外国文献等】

International Accounting Standards Committee (IASC), 'International Accounting Standards No.41 "*Agriculture*"' 'IASC', 2001.
International Accounting Standards Board (IASB), 'International Financial Reporting Standard 13 "*Value Measurement*"' 'IASB', 2011.
International Accounting Standards Committee (IASC), 'International Accounting Standards No.41 "*Presentation of Financial Statements*"' 'IASC', 1997.

【雑誌およびその他】

大坪亮、鈴木洋子、松本祐樹、田原寛、青柳裕子、井上久男、菊池由美子、嶺竜一（2013）「実は強いぞ！日本の農業」『週刊ダイヤモンド』2013年4月13号, pp.33-70。

【WEB資料】

JA全中「正組合員と準組合員」
http://www.zenchu-ja.or.jp/profile/ja/b
（最終検索日：2015年12月24日）
REUTERSロイター「TPP『協議開始』を表明、『平成の開国』めざす＝菅首相」
http://jp.reuters.com/article/businessNews/idJPJAPAN-18158620101113
（最終検索日：2014年2月12日）
REUTERSロイター「国益追求する方針に変わりない＝TPP交渉で安倍首相」
http://jp.reuters.com/article/topNews/idJPTYE99905R20131010
（最終検索日：2014年2月12日）
REUTERSロイター「野田首相がTPP交渉参加を正式表明」
http://jp.reuters.com/article/topNews/idJPJAPAN-24132720111111
（最終検索日：2014年2月12日）
REUTERSロイター「TPP大筋合意、巨大自由貿易圏誕生へ前進 為替政策でも協力」
http://jp.reuters.com/article/tpp-agreement-idJPKCN0RZ15T20151005?pageNumber=1
（最終検索日：2016年6月13日）

伊賀の里モクモク手づくりファーム
http://www.moku-moku.com/
（最終検索日：2017年11月15日）
グリンリーフ
http://www.akn.jp/index.php
（最終検索日：2016年9月30日）
国税庁「日本における税務行政」
http://www.nta.go.jp/kohyo/katsudou/report/2003/japanese/tab/tab08.htm
（最終検索日：2015年11月16日）
総務省「政府統計の総合窓口 平成27年生産農業所得統計」
file:///C:/Users//AppData/Local/Packages/Microsoft.MicrosoftEdge_8wekyb3d8bbwe/TempState/Downloads/e015-27-b.pdf
東京商工リサーチ「2014年全国社長の年齢調査　社長の5人に1人が70代以上」2015年
http://www.tsr-net.co.jp/news/analysis/20141002_01.html
（最終検索日：2015年8月5日）
農業生産法人有限会社トップリバー
http://www.topriver.jp/
（最終検索日：2016年9月30日）
農林水産省「GDP（国内総生産）に関する統計」
http://www.maff.go.jp/j/tokei/sihyo/data/01.html
（最終検索日：2017年11月23日）
農林水産省「農林業センサス累年統計―農業編―（昭和35年～平成22年）」
http://www.maff.go.jp/j/tokei/census/afc/past/stats.html
（最終検索日：2015年11月2日）
農林水産省「平成25年度 食料・農業・農村施策」
http://www.maff.go.jp/j/wpaper/w_maff/h24_h/measure/index.html
（最終検索日：2015年11月2日）
農林水産省「農業労働力に関する統計」
http://www.maff.go.jp/j/tokei/sihyo/data/08.html
（最終検索日：2017年9月15日）
農林水産省「地域における取組（食料産業クラスター・農商工連携等）」
http://www.maff.go.jp/j/shokusan/sanki/syokuhin_cluster/
（最終検索日：2017年9月28日）
農林水産省「『平成27年農林水産物・食品の輸出実績』について」http://www.maff.go.jp/j/press/shokusan/kaigai/160202.html
（最終検索日：2017年10月10日）
農林水産省「農林水産省データ集」http://www.maff.go.jp/j/tokei/sihyo/
（最終検索日：2017年10月13日）
農林水産省「平成28年度食料・農業・農村白書の概要」http://www.maff.go.jp/j/wpaper/w_maff/h28/attach/pdf/index-22.pdf
（最終検索日：2017年10月13日）

農林水産省「農林水産基本データ集」http://www.maff.go.jp/j/tokei/sihyo/
（最終検索日：2017年11月17日）
野菜くらぶ
http://www.yasaiclub.co.jp/dokuritsushien/index.html
（最終検索日：2016年9月30日）

主要索引

〈英字〉

タ行

添付資料：質問調査票

生産法人における財務マネジメント認識に関するアンケート調査

問1　農業生産法人の事業内容についてお聞きします。

問1-(1) 法人化したのはいつですか。
昭和・平成　（西暦　　　　）年

問1-(2) 資本金はいくらですか。
資本金（　　　　）万円

問1-(3) 法人はどの企業形態に該当しますか。（いずれかに○）
1. 株式会社　2. 合同会社　3. 合名会社　4. 合資会社
5. 有限会社　6. 農事組合法人　7. その他（　　　　）

問1-(4) 役員（取締役または理事、ただし代表も含む）は何人いますか。
（　　　　）人

問1-(5) 法人化に何戸が出資していますか。
（　　　　）戸

問1-(6) 生産物は何ですか。（該当するものすべてに○）
1. 稲　2. 麦・芋・豆　3. 野菜　4. 果樹　5. 花卉
6. 酪農　7. 肉用牛　8. 養豚　9. 養鶏　10. ブロイラー
11. その他（　　　　）

問1-(7) 正規従業員（月給支給者）は何人いますか。（いずれかに○）
1. 5人未満　2. 5～10人　3. 11～15人　4. 16～20人　5. 21～25人
6. 26～30人　7. 31～40人　8. 41～50人　9. 51人以上
注　臨時従業員（アルバイトおよびパート等）および役員は含まない。

問1-(8) 経営耕地についてすべて記入をお願いします。
1. 水田（　　）アール　2. 普通畑（　　）アール　3. 果樹園（　　）アール

問1-(9) 家畜頭数についてすべて記入をお願いします。
1. 乳用牛（　　　）頭　2. 肉用牛（　　　）頭　3. 肥育豚（　　　）頭
4. ブロイラーおよび鶏（　　　）頭

問２　農業生産法人の財務状況についてお聞きします。

問2-(1) 平成25年度の全体の売上高はいくらですか。（いずれかに○）

1. 500万円未満　　2. 500～750万円　　3. 750～1,000万円
4. 1,000～1,500万円　　5. 1,500～2,000万円　　6. 2,000～3,000万円
7. 3,000～5,000万円　　8. 5,000万～1億円　　9. 1～2億円
10. 2～3億円　　11. 3億円以上

問2-(2) 平成25年度の農協への出荷割合は約何%ですか。

約（　　　）%

問2-(3) 昨年度と比較して全体の売上高はどうでしたか。（いずれかに○）

1. かなり減少した（25%以上の減少）　　2. 減少した（5～25%の減少）
3. 横ばい　　4. 増加した（5～25%の増加）　　5. かなり増加した（25%以上の増加）

問2-(4) 将来的（概ね5年後）に全体の売上高をどのように予測しますか。（いずれかに○）

1. かなり減少する（25%以上の減少）　　2. 減少する（5～25%の減少）
3. 横ばい　　4. 増加する（5～25%の増加）
5. かなり増加する（25%以上の増加）

問2-(5) 平成25年度の当期純利益はどうでしたか。（いずれかに○）

1. マイナス（赤字）　　2. 比較的0に近い　　3. プラス（黒字）

問2-(6) 昨年度と比較して当期純利益はどうでしたか。（いずれかに○）

1. かなり減少した（25%以上の減少）　　2. 減少した（5～25%の減少）
3. 横ばい　　4. 増加した（5～25%の増加）
5. かなり増加した（25%以上の増加）

問2-(7) 将来的（概ね5年後）に当期純利益をどのように予測しますか。（いずれかに○）

1. かなり減少する（25%以上の減少）　　2. 減少する（5～25%の減少）
3. 横ばい　　4. 増加する（5～25%の増加）
5. かなり増加する（25%以上の増加）

問2-(8) 昨年度に短期借入はしましたか。（いずれかに○）

1. 借入した　　2. 借入していない

問2-(9) ここ5年間で設備投資のための長期借入はしましたか。（いずれかに○）

1. 借入した　　2. 借入していない

問2-(10) 具体的な借入先はどこですか。（いずれかに○）

1. 政府　　2. 農協系　　3. 銀行　　4. 信用金庫　　5. 信用組合
6. 個人的借入　　7. その他（　　　　）

問３　農業生産法人の経営者ご自身についてお聞きします。

問３-(1) あなたの性別は。

1. 男　2. 女

問３-(2) あなたの年齢は何歳ですか。

満（　　）歳

問３-(3) あなたは代表に選ばれて何年目ですか。

（　　）年目

問３-(4) あなたは農業に従事して何年目ですか。

（　　）年目

問３-(5) 下記の科目で学習した経験のある科目は何ですか。（該当するものすべてに○）

1. 経営学　2. 経済学　3. 経営戦略　4. 組織論　5. マーケティング
6. 労務管理　7. 企業論　8. 流通論　9. 金融論　10. 商法
11. 民法　11. 行政法

問３-(6) 下記の財務に関する科目で学習した経験のある科目は何ですか。（該当するものすべてに○）

1. 商業簿記　2. 工業簿記　3. 原価計算　4. 会計学　5. 経営分析
6. 財務分析　7. 監査論　8. 税務会計　9. 財務管理　10. ファイナンス
11. 財務会計　12. 管理会計

問３-(7) あなたは簿記または会計の資格を取得していますか。（いずれかに○）

1. はい　2. いいえ

1. はい　と答えた方は問３-(8) をお答えください。

問３-(8) あなたが取得している簿記および会計の資格は何ですか。（該当するものすべてに○）

1. 日商簿記１級　2. 日商簿記２級　3. 日商簿記３級　4. 全経簿記上級
5. 全経簿記１級　6. 全経簿記２級　7. 全経簿記３級　8. 全商簿記１級
9. 全経簿記２級　10. 全経簿記３級　11. その他（　　　）

問４　経営者としての財務への興味についてお聞きします。

問４-(1) 農業生産法人の経理担当者はだれですか。（いずれかに○）

1. 経営者自身　2. 配偶者　3. 経理担当者を配属　4. 税理士にほぼ委託
5. 公認会計士にほぼ委託　6. その他（　　　）

問４-(2) 農業生産法人で会計ソフトは導入していますか。（いずれかに○）

1. はい　2. いいえ

問 4-(3) 農業生産法人で作成している財務諸表は何ですか。(該当するものすべてに○)

1. 貸借対照表　2. 損益計算書　3. キャッシュ・フロー計算書

4. 株主資本等変動計算書　5. その他（　　　　）

問 4-(4) 財務諸表の数字は気になりますか。(いずれかに○)

1. 気にならない　2. 気になる　3. 常に気になる

問 4-(5) 農業生産法人の財務上のどのような数字に興味がありますか。(該当するものすべてに○)

1. 興味がない　2. 売上高　3. 売上原価　4. 売上総利益　5. 営業利益

6. 経常利益　7. 税引前純利益　8. 税引後純利益　9. 現金預金

10. 生産原価　11. 流通経費　12. 固定資産　13. 労務費　14. 未販売農産物

15. 未収穫作物　16. 肥育家畜　17. 繰越資材　18. 棚卸資産　19. 農業費用

問 4-(6) 農業生産法人の財務分析は行いますか。(いずれかに○)

1. 行わない　2. 行う

問 4-(7) 農業生産法人の損益分岐点は把握していますか。(いずれかに○)

1. 把握していない　2. 把握している

問 4-(8) 農業生産法人の財務分析のどのような数値に興味がありますか。(該当するものすべてに○)

1. 興味がない　2. 内容が解らない　3. 分析の内容は解らないが興味はある

4. 流動比率　5. 当座比率　6. 自己資本比率　7. 負債比率

8. 固定比率　9. 総資本経常利益率　10. 総資本営業利益率　11. 総資本回転率

12. 売上高総利益率　13. 売上高営業利益率　14. 売上高経常利益率

15. 売上高販管費率　16. 総資本投資効率　17. 設備投資効率

18. 労働分配率　19. 労働装備率　20. 付加価値率　21. 労働生産率

22. 従業員 1 人あたりの売上高　23. 従業員 1 人あたりの粗利益

24. 10a あたりの収穫量　25. 10a あたりの従業員労務費

26. 10a あたりの売上高　27. 売上高前年比増加率

28. 総資産前年比増加率　29. 経常利益前年比増加率

問 5　農業生産法人の経営の方向性についてお聞きします。

問 5-(1) 農業生産法人の経営状況はどうですか。(いずれかに○)

1. かなり厳しい　2. 厳しい　3. どうにかやっていける　4. 安定している

問 5-(2) 農業生産法人の売上高による目標というものは立てていますか。(いずれかに○)

1. 目標は立てている　2. 目標は立てていない

問 5-(3) 農業生産法人の売上高による目標は達成できそうですか。(いずれかに○)

1. 目標は立てていない　2. 概ね達成できそうである　3. 達成するのは難しい

問5-(4) 農業生産法人の規模を拡大しようと考えていますか。(該当するものすべてに○)
1. 考えていない　2. 増資を考えている　3. 販路の拡大を考えている
4. 従業員を増やそうと考えている　5. 耕地の拡大を考えている
6. 生産量の増加を考えている　7. 家畜を殖やすことを考えている
8. 設備投資を考えている

問5-(5) 農業生産法人のコスト削減を考えていますか。(いずれかに○)
1. 考えていない　2. 材料費および原料の削減　3. 労務費の削減　4. 外部委託
5. 経費および水道光熱費の削減　6. 購入時の値引き　7. 節税

問5-(6) 農業生産法人の経営について相談する人は誰ですか。(該当するものすべてに○)
1. 相談しない　2. 配偶者　3. 税理士　4. 公認会計士
5. 中小企業診断士　6. 銀行関係者　7. 農協関係者　8. 友人
9. 農業経営アドバイザー　10. 従業員またはミーティング開催　11. 親戚関係者

問5-(7) 農業生産法人の生産物をどのように販売をしていますか。(該当するものすべてに○)
1. していない　2. 直売所販売　3. ネット販売　4. 加工販売

問5-(8) 農業生産法人の生産物のブランド化に興味がありますか。(いずれかに○)
1. 興味がない　2. 興味がある
3. すでにブランド化を試みている（具体的に：　　　　　　　　　）

問5-(9) 農業生産法人の生産物の六次産業化に興味がありますか。(いずれかに○)
1. 興味がない　2. 興味がある
3. すでに六次産業化を試みている（具体的に：　　　　　　　　　）

ご協力どうも有り難うございました。

【執筆者紹介】

田邉正（たなべ・ただし）

松山東雲女子短期大学准教授、博士（学術）

1969年熊本市生まれ。愛媛大学法文学部卒業、駒澤大学大学院経営学研究科修士課程修了、駒澤大学大学院経営学研究科博士後期課程満期退学。高知県公立大学法人高知工科大学基盤工学研究科起業マネジメントコース博士後期課程修了、博士（学術）。長岡大学経済経営学部専任講師、常磐大学総合政策学部経営学科准教授を経て、2018年から現職。担当科目は、税務会計、原価計算、簿記論、会計学、財務会計論、金融関係論、ゼミ・卒論等。これまで、経営事業体における課税の導管性（パス・スルー課税）を中心に、米国のパートナーシップ制度および租税回避による判例を用いて研究をしてきた。その後、農業会計に着目し、農業経営者による会計的意識の有無が如何に業績に反映されるのかを実地調査を踏まえて研究を行っている。日本産業経済学会理事（2013年～現在）。著書は『日商簿記検定３級商業簿記テキスト』（田邉正・矢島正著、創成社、2009）、『税務会計論』（共著、五絃社、2015）。

桂信太郎（かつら・しんたろう）

高知県公立大学法人高知工科大学経済・マネジメント学群および大学院起業マネジメントコース教授、博士（学術）

1973年愛媛県生まれ。愛媛大学大学院博士後期課程修了、博士（学術）。1998年から短大教員、長岡大学経済経営学部准教授、高知工科大学准教授を経て、2016年から現職。担当科目は、経営管理論、企業論、経営戦略論、地域活性化システム論、NPO論、ゼミ・卒論等。また大学院では経営管理論、地域産業振興論等を担当。これまで、愛媛、高知、新潟に在住しながら、製造業（特に素材産業）における経営改善に関する調査研究および、地域と企業の関係や経営学の視点から地域ビジネスや地域活性化に着目した調査研究を行っている。日本生産管理学会理事（2008～2013年、2018年～現在）、同代議員（2013～2017年）、標準化研究学会理事、人を大切にする経営学会発起人および常任理事。著書は『我らダイヤモンド企業』（共著、丸善、2008）、『農業ビジネス学校』（共著、丸善、2009）、『土佐アート街道をゆく』（共著、丸善、2010）、『地域活性化のためのビジネス方法論』（共編著、高知新聞社、2010）、『地方のための経営学』（共著、千倉書房、2015）など。

【監修者紹介】

那須清吾（なす・せいご）

高知県公立大学法人高知工科大学学長特別補佐／大学院起業マネジメントコース長・教授、博士（工学）。
1959年大阪市生まれ。東京大学工学部卒業、University of California San Diego大学院修士課程修了、その後、東京大学より工学博士号を授与される。住友金属株式会社、建設省道路局国道課長補佐、建設省近畿幹線道路調査事務所長、国土交通省姫路河川国道事務所長を経て、2004年より高知工科大学工学部社会システム工学科教授。2008年マネジメント学部設置とともに学科長に着任、2011年より学部長。2015年4月から高知工科大学学長特別補佐および大学院起業マネジメントコース長／教授および経済・マネジメント学群教授。この間、21世紀COEプロジェクトリーダーとして社会マネジメントシステム学の構築に尽力し社会マネジメント研究所を設立（センター長）。社会資本アセット・マネジメント、ニュー・パブリック・マネジメントなど行政経営・社会資本関連を調査研究テーマとしながら精力的に活動。JSTや主要省庁に係る各種プロジェクトリーダーを多数務める。NPO法人社会貢献研究所理事長。株式会社グリーンエネルギー研究所代表取締役社長。地域活性学会常任理事／副会長。全国における講演や著書・論文多数。

【推薦者紹介】

原陽一郎（はら・よういちろう）

1934年神奈川県生まれ、湘南高校、早稲田大学理工学部卒業後、東レ株式会社入社（新事業開発・経営計画・研究開発企画を担当）。東レ理事（全社技術戦略担当）、東レ経営研究所代表取締役社長を経て、長岡大学学長、研究・技術計画学会（現、研究・イノベーション学会）会長、科学技術振興機構（JST）プラザ・サテライト評価委員長を歴任。この間、東京大学、芝浦工業大学、北陸先端科学技術大学院大学、放送大学等で講師を務める。また、地域産業振興を目的とした財団法人や社団法人の理事、自治体役員・委員等を多数歴任。湘南高校のご学友であった（故）土屋守章東大名誉教授との深い親交から、藤本隆宏教授（東大）、新宅純二郎教授（東大）らを招聘しながら多くの社会人向けイノベーション人材養成講座を企画運営し、東大MMRCの地域ものづくり改善スクールの開講等にも尽力。主な著書は『研究開発部長業務完全マニュアル』（アーバンプロデュース出版、1997）、『イノベーション経営』（放送大学、2001）、『日本のものづくり52の論点』（日本プラントメンテナンス協会、2002）等。野中郁次郎一橋大学名誉教授を編集委員長とするMOTテキストシリーズ『イノベーションと技術経営』（丸善、2005）、『ベンチャーと技術経営』（丸善、2005）では、編集委員として編著・責任編集。その他、全国における講演や論文多数。

これからの農業経営

会計の意識・知識を経営に活かす

2018年 11月27日　初版第1刷発行

監　修　那須清吾
著　者　田邉　正
　　　　桂信太郎
発行者　千倉成示
発行所　株式会社 千倉書房
〒104-0031　東京都中央区京橋2-4-12
TEL 03-3273-3931／FAX 03-3273-7668
https://www.chikura.co.jp/

印刷・製本　藤原印刷株式会社

ISBN 978-4-8051-1150-5 C3061